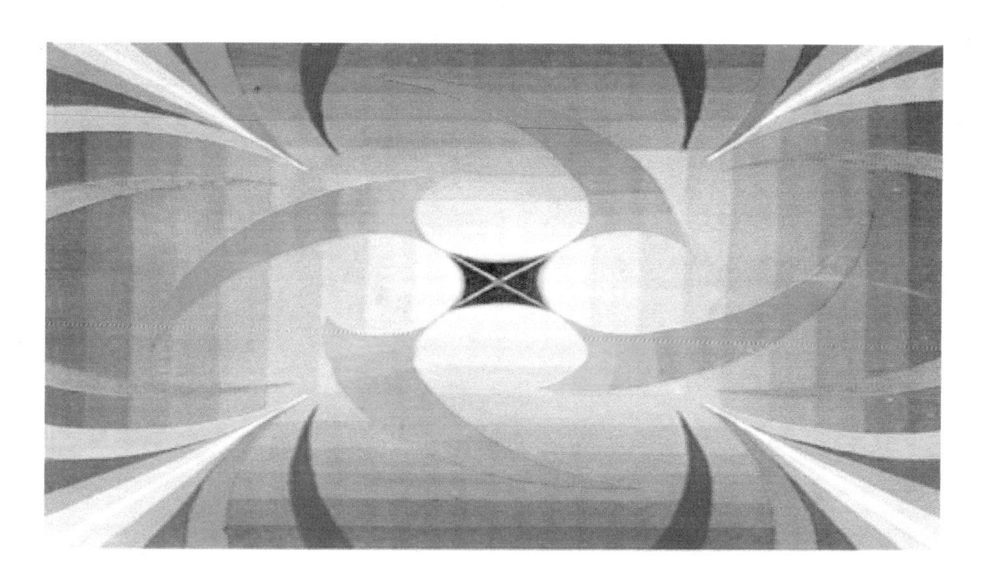

图 1-4　色彩构成

图2-3　理发店(线描)　冯安娜

图2-4　快餐厅(线描)　王丽颖

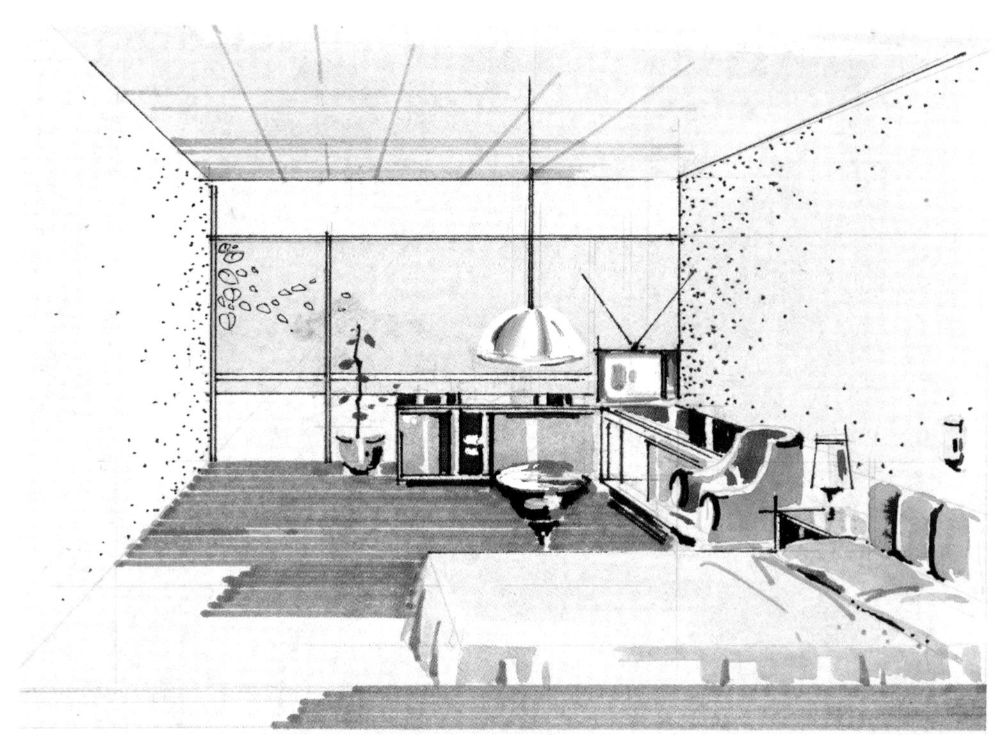

图 2-5　卧室（快速表现）　王丽颖

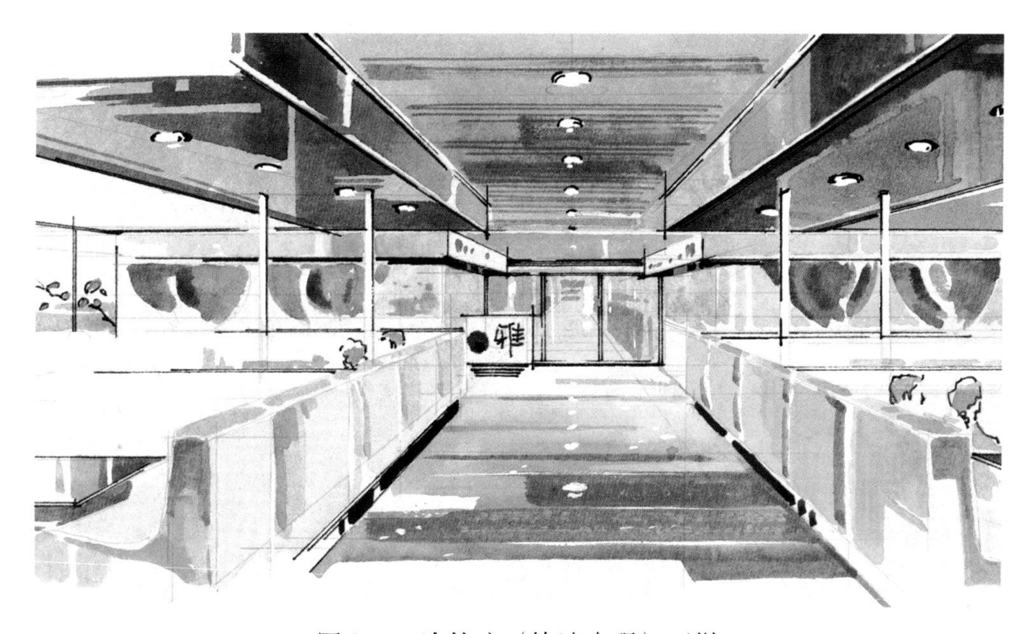

图 2-6　冷饮店（快速表现）王微

图 5-1　铅笔线条练习　王丽颖

图5-2　客房（彩色铅笔）　冬天（指导　王丽颖）

图5-3　别墅（彩色铅笔）　许晶

图5-4　卧室兼起居室（彩色铅笔）　刘义

图 5-5　马克笔线条

图5-6　中餐厅（马克笔）　王哲

图5-7　会客厅（马克笔）　胡仪丹

图5-8　酒吧间（马克笔）　绪冰涛

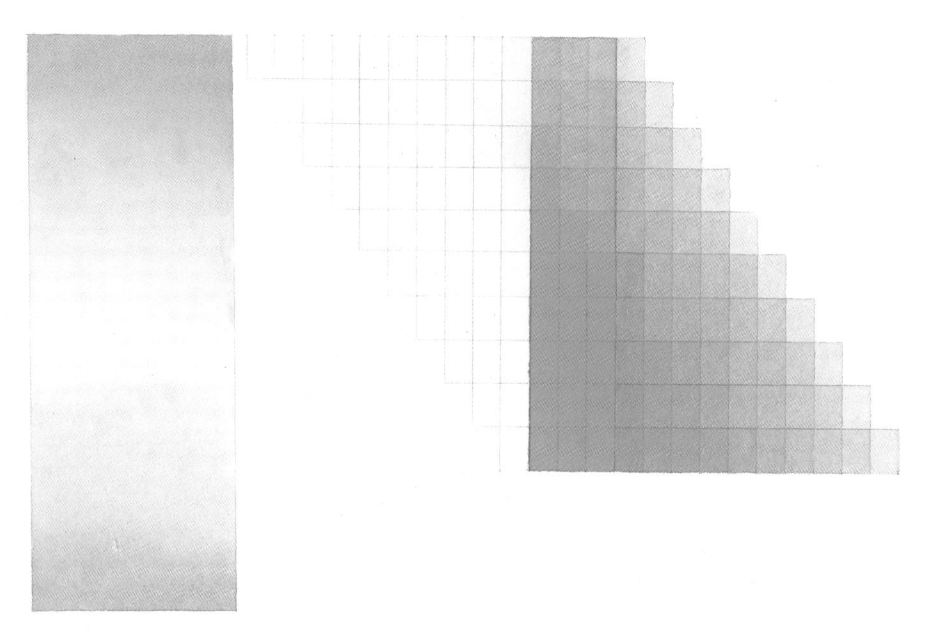

图 5-13　水彩叠加　王丽颖

图 5-14　水彩退晕　王丽颖

图5-15　展览馆大厅（水彩）　姜成武

图5-16　娱乐中心入口（水彩）　姜成武

图 5-17　大厅（水彩）

图 5-18　服务台（水彩）

图 5-19　电梯厅（水彩）

图5-20　牛仔餐厅（水粉）　赵茵

图5-21　KTV包房（水粉）　赵茵

图5-22　青少年宫（水粉）　姬宝石

图5-23　综合楼（水粉）　王丽颖

图5-24　办公楼侧厅（水彩、水粉混合）　王丽颖

图5-25　门　厅（水彩、水粉混合）　赵茵

图5-26　起居厅（水彩、水粉混合）　张敏

图5-27　酒吧间（水彩、水粉混合）　姜成武

图5-28　舞厅（喷笔）　赵茵

图5-29　吉利大厦（喷笔）　赵茵

图5-30　某高层宾馆（喷笔）　王丽颖临摹

图5-31　咖啡厅（喷笔）　周标

(*a*) 在三维建筑模型的基础上，选择视角、设计光照定义材质后，渲染得到效果图

(*b*) 在 Photoshop 软件里对画面进行后期处理）对画面整体或局部的色彩、光影、质感等进行调整

(*c*) 增设灯具、室内绿化、人物及人物倒影等

图 5-32　后期制作

图5-33　工商银行方案（电脑）　王丽颖

图5-34　起居室（电脑）　王丽颖

图5-35　出版社休息厅（电脑）　杨信涛

图5-36　银行自助厅（电脑）　杨信涛

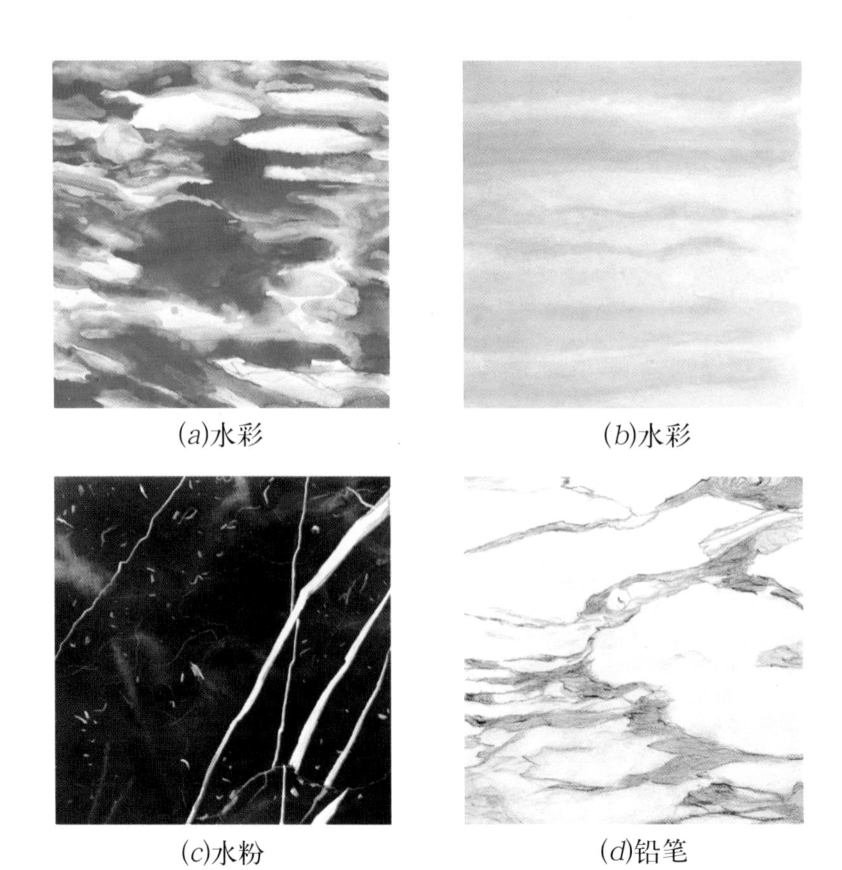

(a)水彩　(b)水彩　(c)水粉　(d)铅笔

图6-1　大理石的表现技法　赵茵

图6-2　石材地面的表现技法

图6-3　大理石柱的表现技法　赵茵

图 6-4　石材的表现技法 例 1　严斌

图 6-5　石材的表现技法 例 2　赵茵

(a)　(b)

(c)　(d)　(e)

图 6-6　木材的表现技法　赵茵

图 6-7　木材的表现技法 例 1　季建

图 6-8　木材的表现技法 例 2　冯安娜

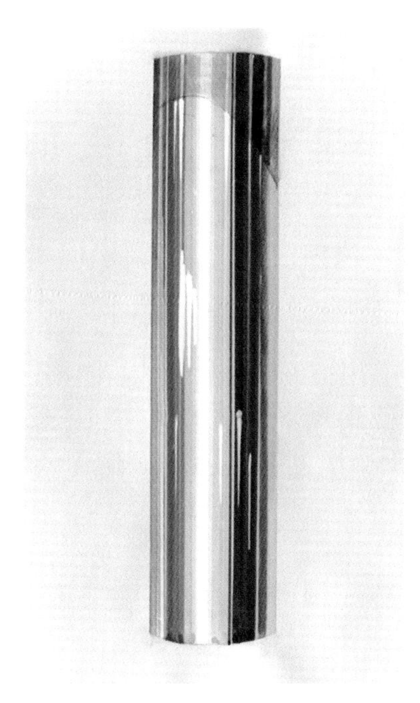

图6-10　金属的表现技法 例1　陈永钢

图6-9　金属的表现技法　赵茵

图6-11　金属的表现技法 例2　李凤崧

图6-12　金属的表现技法 例3　赵茵

图 6-13　玻璃的表现技法 例 1　赵茵

图 6-14　玻璃的表现技法 例 2　冯安娜

图 6-15　玻璃的表现技法 例 3

图 6-16　窗帘的表现技法　赵茵

图 6-17　地毯的表现技法

图 6-18　地毯的表现技法 例 1　冯安娜

图6-19 窗帘的表现技法 例1 陈学文

图6-20 窗帘的表现技法 例2 赵茵

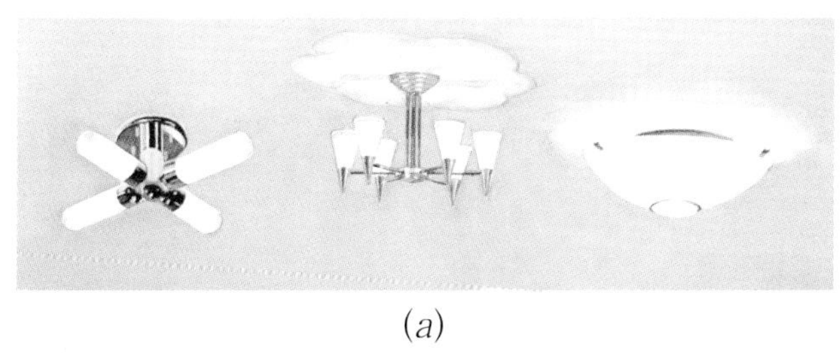

(*a*)

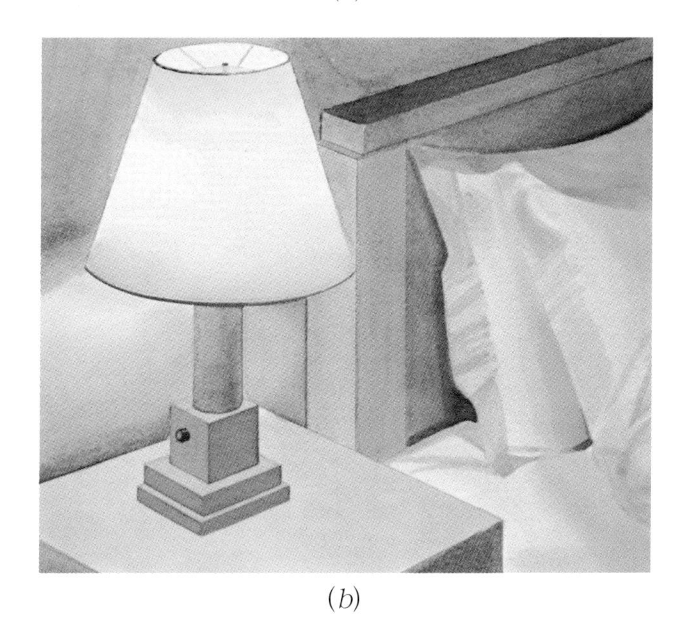

(*b*)

图 6-21　灯具与光影的表现技法　赵茵

图 6-22　灯具与光影的表现技法 例 1　夏克梁

图6-23　灯具与光影的表现技法 例2　冯安娜

图6-24　灯具与光影的表现技法 例3　赵茵

图6-25　灯具与光影的表现技法 例4　曾鹿波

(a) (b)

(c)

(d)

图 6-26　植物的表现技法 例1　赵茵　刘杰

图 6-27　植物的表现技法 例 2　赵茵

图 6-28　植物的表现技法 例 3　庞恩昌

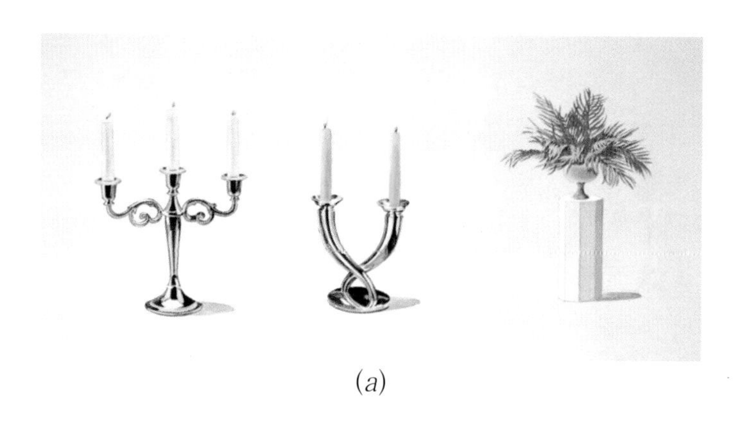

(*a*)

(*b*)

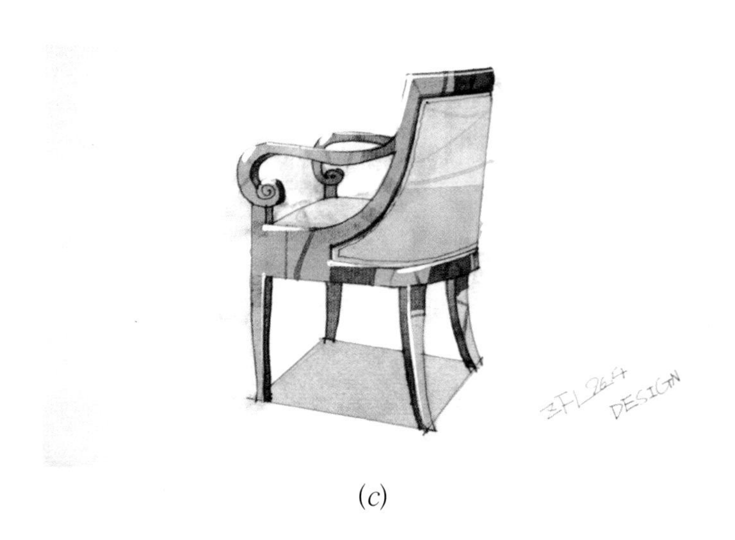

(*c*)

图 6-29　室内家具陈设的表现技法　赵茵　冯安娜

图 6-30　室内家具陈设的表现技法 例 1　李玉斌

图 6-31　室内家具陈设的表现技法 例 2　江微

(*a*)

(*b*)

图 6-32　人物的表现技法　赵茵

图 6-33　人物的表现技法

图 6-34　汽车的表现技法 例 1

图 6-35　汽车的表现技法 例 2

图 6-36　汽车的表现技法 例 3　郭去尘

图 6-37　汽车的表现技法 例 4　郭去尘

(a) (b) (c)

图 6-38 水面、喷泉的表现技法 章又新

图 6-39 水面、喷泉的表现技法 王丽颖

第一步：在裱好的图纸上用水彩铺底色，并画出玻璃屋面的效果

第二步：用比较单纯的颜色画大面积的顶棚、墙面、地面

第三步：画挂旗、人物，局部加重

第四步：画地面分隔线、绿化、灯，最后用白色提亮部

图7-1　商场营业大厅步骤图（混合）　胡仪丹

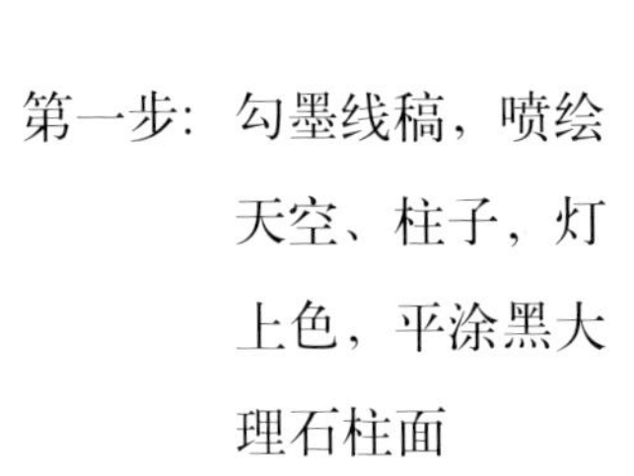

第一步：勾墨线稿，喷绘天空、柱子，灯上色，平涂黑大理石柱面

第二步：画钢部件、大理石花纹，喷绘地面及局部顶棚，平涂地面大理石

第三步：细部刻画门、台阶、壁画、地毯及图案

第四步：画配景（室内绿化、人物、家具陈设等），整理完成

图7-2　大堂步骤图（混合）　张书鸿

第一步：勾铅笔稿，
上一遍底色

第二步：喷绘顶棚、地面
及墙面装饰

第三步：画墙面、倒影和
家具细部

第四步：画灯具、室内
陈设

图7-3 舞厅步骤图（混合） 纪社强

第一步：钢笔起稿，顶棚、墙面、地面上底色

第二步：门窗、家具上色，分出受光面与背光面

第三步：用针管笔勾线，局部加重

第四步：画灯具、壁画等细部，整理完成

图7-4 起居室步骤图（钢笔淡彩） 童霞

第一步：完成铅笔透视稿，注意选好角度（一般定位在入口处偏一侧）

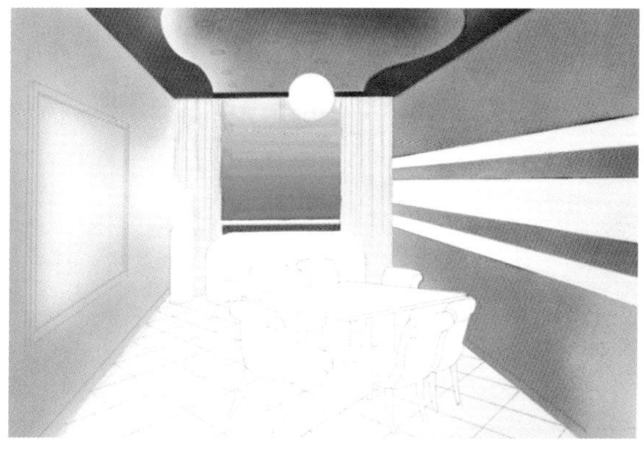

第二步：铺大地子，室内界面一次完成，明度及冷暖稍做变化

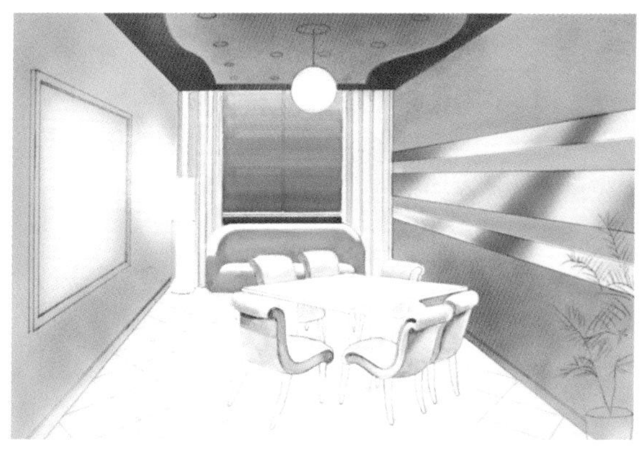

第三步：深入刻画，画出家具及装饰带的质感

第四步：细部刻画，完成家具、植物、装饰陈设品、灯具及光影的表现，用亮线和暗线画出界面转折

图7-5　西餐厅雅间（喷笔）　赵茵

第一步：用造型程序来产生三维空间物体的模型（建模）

第二步：调整像机角度、光线及模型的比例关系

第三步：给模型贴材质，建立地面模型，贴材质，选择背景渲染

第四步：在 photoshop 里进行画面处理，加配景，整理出图

图7-6 学生餐厅（电脑） 王丽颖

图7-7　起居室一角(混合)　姜成武

图7-8　客房(混合)　姜成武

图7-9　民族餐厅(混合)　王影

图7-10　酒店餐厅设计（水粉）　赵茵

图7-11　卧室兼书房（电脑）　焦惠毅

图7-12　办公楼入口（电脑）　焦惠毅

图7-13　会客厅一角(钢笔淡彩)　焦涛

图7-14　茶室(铅笔淡彩)　焦涛

图 7-15　起居室（电脑）　杨信涛

图 7-16　出版社休息厅（电脑）　杨信涛

图7-17　中式餐厅设计（水粉）　赵茵

图7-18　中餐厅设计（喷笔）　赵茵

图7-19　办公室（电脑）　唐效健

图7-20 共享大厅1（电脑） 王丽颖

图7-21 共享大厅2（电脑） 刘秀梅

图7-22 共享大厅3（电脑） 刘秀梅

图7-23　办公大厅（电脑）　刘秀梅

图7-24　宾馆大堂（电脑）　王长春

图7-25　亚泰饭店大厅（电脑）　王长春

图7-26　华侨饭店大堂方案（电脑）　王中军

图7-27　室内游泳池（电脑）　王刚

图7-28　会议室1（电脑）　王长春

图7-29　会议室2（电脑）　王长春

图7-30　别墅餐厅（喷笔）　庞恩昌

图7-31　会议室（电脑）　王中军

图7-32　餐厅设计（电脑）　王丽颖

图7-33　小包房（电脑）　秦迪

图7-34　浴室休息厅（电脑）　秦迪

图7-35　洗浴中心前厅（电脑）　齐柠柠

图7-36　教堂（电脑）　齐柠柠

图7-37　舞厅1（电脑）　李梅

图7-38　舞厅2（电脑）　陈旭东

图7-39　小舞厅（水粉）　周向峰

图7-40　展室（水粉）　童霞

图7-41　舞厅（喷笔）　张军

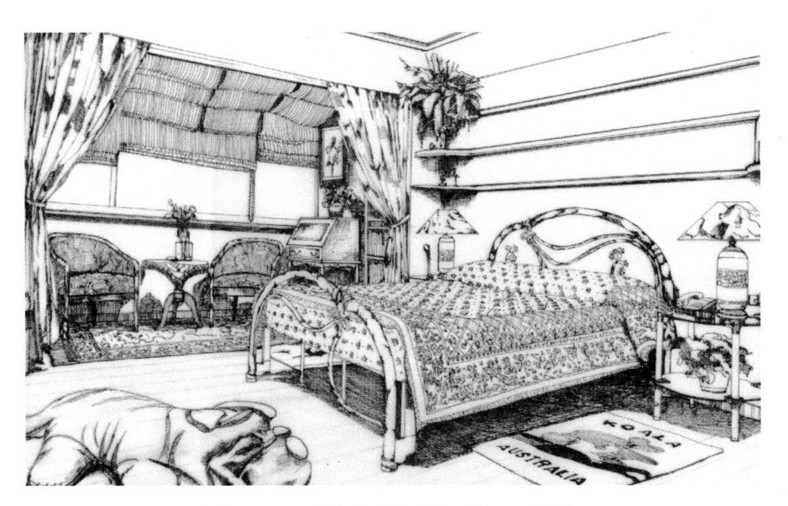

图7-42 卧室（钢笔画） 焦涛

图7-43 会议室（水粉） 曾懿

图7-44 起居厅（电脑） 王国权

图7-45　会议室（电脑）　李洪学

图7-46　留学生公寓（电脑）　王长利

图7-47　酒吧间（电脑）　桑振宁

图 7-48　歌舞厅（水粉、喷笔）　陈学文

图 7-49　娱乐城雅间（水粉、喷笔）　陈学文

图 7-50　伊斯兰式餐厅（水粉）　赵茵

图7-51　教学楼（电脑）　王丽颖

图7-52　进修学校（电脑）　姬宝石

图7-53　子弟中学（电脑）　王中军

图7-54　联港小区综合楼（电脑）　王丽颖

图7-55　商业一条街（电脑）　王丽颖

图7-56　运动场（电脑）　王丽颖

图7-57　办公楼（电脑）　齐柠柠

图7-58　住宅小区（电脑）　唐孝健

图7-59　锦华大厦（电脑）　唐孝健

图7-60　办公楼（电脑）　王丽颖

图7-61　大门(电脑)　王丽颖

图7-62　沿湖住宅(电脑)　唐孝健

图 7-63　百货大楼（电脑）　王国权

图 7-64　顺风假日饭店（电脑）　王刚

图 7-65　小区规划（电脑）　王刚

图7-66　教学楼（电脑）　王丽颖

图7-67　商场（水粉）　李宏伟

图7-68　商场（水粉）　李宏伟

图 7-69　加油站（电脑）　赵聪

图 7-70　综合大楼（电脑）　白山

图7-71　市场（喷笔）　赵茵

图7-72　起居室（电脑）　唐健

图7-73　建材市场（电脑）　王丽颖

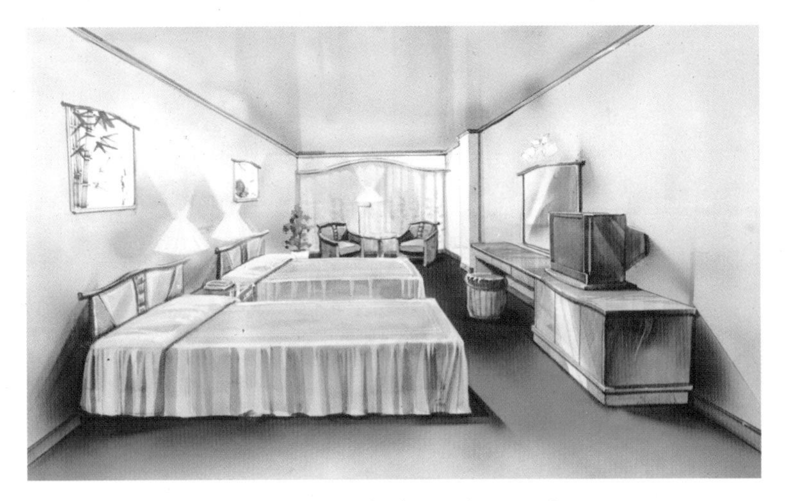

图 7-74　客房（水粉）　刘念

图 7-75　办公室（喷笔）　赵茵

图 7-76　欧式餐厅（喷笔）　赵茵

图8-1　塔司干柱（水彩）　张力权（指导：王丽颖）

图8-2　茶室立面（水彩）　徐键（指导：王丽颖）

图8-3　酒店室内（骨线）　胡佳（指导：胡升高）

图8-4　起居厅（水彩）　姜成武

图8-5　办公楼立面（水粉）　许君堂（指导：王丽颖）

图8-6　小别墅（水粉）　胥蕾（指导：张文胜）

图 8-7　酒店包房（水粉）　杨勤政（指导：齐伟民）

图 8-8　会客厅（水粉）　王飞（指导：纪社强）

教育部高职高专规划教材

装饰效果图表现技法

本系列教材编审委员会组织编写
王丽颖　　　主编
赵茵　童霞　编

中国建筑工业出版社

图书在版编目（CIP）数据

装饰效果图表现技法/王丽颖主编．—北京：中国建筑工业出版社，2000．12
教育部高职高专规划教材
ISBN 978-7-112-04224-1

Ⅰ.装… Ⅱ.王… Ⅲ.室内装饰-建筑设计-建筑制图-高等学校：技术学校-教材 Ⅳ.TU238

中国版本图书馆 CIP 数据核字（2000）第 54896 号

本书是针对“建筑装饰技术”专业的教学特点而着手编写的教学用书，内容主要包括：装饰效果图的表现种类，常用的材料及工具，分类技法介绍，室内不同材质、家具陈设的表现，步骤图、范例等。

本书系统完整，论述有一定的深度，从效果图的种类到学习方法、从分类技法到基本步骤、从材料质感到色彩构成，内容全面实用。与同类书籍相比，内容更具体、更精炼，且形式新颖、图文并茂。不仅可作为教科书，也是学生绘画临摹的参考书，更是一本可供欣赏的装饰效果图画册。

教育部高职高专规划教材
装饰效果图表现技法
本系列教材编审委员会组织编写
王丽颖 主编
赵茵 童霞 编
*
中国建筑工业出版社出版、发行（北京西郊百万庄）
各地新华书店、建筑书店经销
世界知识印刷厂印刷
*
开本：787×1092毫米 1/16 印张：3½ 插页：36 字数：84千字
2000年12月第一版 2011年11月第十四次印刷
定价：**41.70**元
ISBN 978-7-112-04224-1
(9699)

高职高专建筑装饰技术专业系列教材
编审委员会名单

前　言

建筑装饰行业的迅速发展，改变了我国城市面貌，美化了人们的生活环境，同时对建筑装饰技术专业的教学提出了更高、更新的要求。对于建筑装饰行业的工程技术人员而言，绘制装饰效果图是应具备的基本技能，它是设计者必须掌握的一种工具语言，它不同于照相，也不同于一般美术作品中的绘画创作，他要求画面形象具体，有较高的准确性和真实感，整个装饰效果应符合工程竣工后的实际情况，为此，我们编写了建筑装饰技术专业系列教材之一《装饰效果图表现技法》一书，期望读者能够从中有所收益。

编撰该书力求精炼、简要、深入浅出、层次清楚并兼顾内容的系统性、完整性；概念的科学性、准确性；图片的艺术性、欣赏性。以精炼的文字、大量全新的画面突出建筑装饰技术专业教学的特点。

该书的编写大纲经过了广泛征求意见，结合各院校实际情况并总结多年装饰效果图教学实践，收集了各种风格、不同院校装饰效果图作品，展现了设计者的绘画成果，这将给学生以更好的启迪和示范。

本书共分8章，其中第1章、第2章、第8章、第5章中的第1、2、3、4、6、8、9节及第7章的部分效果图和方法步骤图由长春工程学院建筑系王丽颖副教授编写；第3章、第4章及第7章的部分效果图和方法步骤图由河南省建筑职工大学童霞副教授编写；第6章、第5章中的第5、7节及第7章的部分效果图和方法步骤图由天津市建筑工程职工业余大学赵茵副教授编写。同时在该书编写过程中，得到了扬州大学建筑系吴龙声教授、吴林春副教授的指点，其中，吴林春副教授负责本书的审稿工作，并提出了宝贵的意见，长春建筑高等专科学校建筑系齐柠柠老师、王蓬老师为该书图片做了大量的打印、扫描、翻拍工作，在此表示衷心的感谢。

限于作者水平和时间所限，难免有疏漏之处，欢迎提出宝贵意见。

目　　录

第1章 装饰效果图概述

第1节 装饰效果图的意义与作用

装饰效果图是从事室内外装饰设计、创作的建筑师设计思想的外化表现，设计师头脑中构思的装饰效果是看不见摸不着的，只有通过一定的形式把它表现出来，展示给业主看，构思才能得到认可，方案才能变为现实。装饰效果图也是装饰设计整体工程图纸中的一种，它表达了设计者对自己所创作的空间、形体、环境、气氛等方面的理解和向往，是技术与艺术的结晶。

装饰效果图的作用归纳起来有三个方面：第一，为装饰设计服务；第二，为施工服务；第三，为业主服务。

1. 为装饰设计服务

装饰效果图其目的在于形象生动地表现室内外设计方案的最终效果，以探求理想的设计方案，这种表现往往把重点放在装饰效果上，注重材料的质感、色彩的搭配、设计的整体效果、室内空间的比例等方面的探求上。而对于细部关系的推敲往往考虑的不细，甚至没有完全表达出来；有些设计单位装饰效果图与施工图是由不同的设计人员分别完成的，因此，装饰效果图可以帮助绘制施工图的设计人员更加深入的进行细部设计，使室内外真正达到效果图所表现的效果，常用于重要的室内外装饰设计及投标的场合。

2. 为施工服务

装饰效果图的目的和作用，不单纯为设计服务，还具有一定的施工方面的意义。它不仅可以形象地展示装饰材料的色彩与质感，帮助施工单位更好的理解设计人员的意图，更准确的选择用料；它还可以形象地展示各部位的空间关系，以弥补施工图中不容易表达或表达不十分清楚和不完善的部分。

3. 为用户服务

所谓为用户服务，就是帮助业主和审查单位等有关部门对室内外空间、造型、色彩等综合效果有个比较真实的感受和比较实际的体验。同时，帮助业主做开业前的广告宣传。

第2节 绘制装饰效果图应具备的基础知识

装饰效果图是运用画法几何的方法绘制透视，作为装饰效果图的技术基础，运用美术的各种绘画技法填色于透视框架，最终完成画面作为装饰效果图的艺术基础，两者有机结合，相互影响，如同人的两条腿，缺一不可。从专业角度上讲，建筑院校的装饰效果图表现偏重于结合工程实际进行室内空间的造型、功能设计，追求各部位尺寸的准确性及相关装饰材料的选用；美术院校装饰效果图往往是结合建筑空间的设计对其进行二次空间造型的再创造，注重材料色彩的搭配、质感的表现及与环境的协调。

一、素描与速写能力

各行各业都有自己的基本功，装饰效果图也不例外，素描与速写是一切造型艺术共同的基本功，也是学习装饰效果图表现技巧首要的课题和必备的基础知识。

（一）素描

对于素描的实用价值来说，无论是初学者，还是绘画大师，素描对于他们都是学习、提高和表现的重要环节，没有素描这种技能，就谈不上艺术思考和创作了。虽然装饰效果图可以通过透视的方法，求出所需空间形体，但是素描基本功的好坏直接影响到每一位绘制者的绘图表现力。一张装饰效果图摆在面前，画面的构图形式、形体结构、比例位置、线条运动、明暗调子无不体现出绘制者素描功力的高低。作为绘制装饰效果图的素描基本功训练，一般多采用快慢结合，以快为主的训练方法，尤其应重视线描速写。同样与透视制图相结合的结构素描也显得更适合于装饰效果图的表现。设计师的结构素描练习不同于绘画艺术的习作，它侧重于对形体空间结构的理解，在装饰效果图中，虽然运用各种技法和绘画手段来表现对象，但作为素描基础则更侧重于精炼的概括和用线型表现的能力，这就要求作画者在比较从容的时间里严格按照步骤训练，由表及里、由浅入深，全面探讨形体结构、用线造型的规律，多在追求画面艺术表现力方面下工夫，更应加强想象与记忆的训练（见图 1-1）。

（二）速写

速写是快速的写生，是指在短时间里用简练的线条扼要、概括地画出物体形象、动作、神态的一种绘画形式。若想学习和掌握装饰效果图的绘制方法，除了必须有素描基本功之外，还要有一定的速写能力。在信息化时代，时间意味着一切，活跃的设计思路，快速的表现方法是当代每一个设计师必须具备的素质。而速写则是快速表现的基础。在速写训练的对象中以建筑为首选，这是因为建筑的体量、尺度较大，透视线较复杂，需要有高度的概括能力和敏锐的尺度感觉。画好了建筑，再画室内及其陈设物，就会容易得多。速写是一种工具技能的训练。从理论上非常容易接受，可实际操作就不那么简单了。如同学习写毛笔字一样，知道写毛笔字的道理并不意味着会写毛笔字，更谈不上写好毛笔字。我们要的是掌握工具，而不是只懂得工具的使用方法，俗话说“熟能生巧”用来形容速写练习是再贴切不过了（见图 1-2）。

二、绘图与造型能力

（一）绘图能力

装饰效果图具有很强的科学性，要求绘制得准确、真实，画出的建筑空间要与将来建成的室内效果、比例基本一致。所以它的轮廓和结构都是用透视图法求出来的，十分准确。这就要求学习建筑制图和阴影透视知识并要熟练掌握一定的作图方法。适合于表现室内的透视的方法有：一点透视、二点透视、三点透视、轴测图等（这些方法将在第 4 章详细介绍）

（二）造型能力

上面提到的素描与速写能力仅仅是造型能力的一部分，而且只是其中的一小部分，这

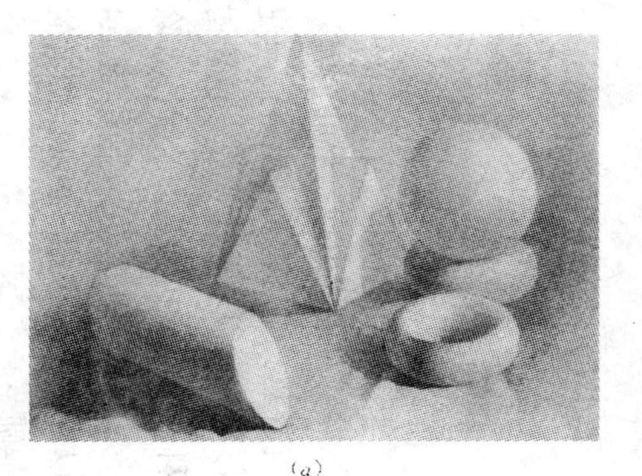

(*a*)

(*b*)

(*c*)

(*d*)

(*e*)

(*f*)

图 1-1　素描训练方法

(*a*) 石膏几何形体；(*b*) 石膏切面；(*c*) 石膏像；(*d*) 静物写生；(*e*) 人头写生；(*f*) 结构素描

图 1-2　速写训练

（a）针管笔速写；（b）钢笔速写；（c）弯尖钢笔速写；（d）钢笔与弯尖笔结合

里所指的造型能力是对造型的普遍规律、原则和方法的把握，对现代造型趋势的了解。建筑造型要素与构成包括：建筑造型要素的形态；点与建筑造型、线与建筑造型、面与建筑造型、体与建筑造型等多方面的要素。现代造型基础是以平面构成、立体构成、色彩构成为基本内容，它已经成为我国建筑教育一门重要基础学科，因此，初学装饰效果图者除了具有上述能力之外，还要掌握一定的平面构成（见图 1-3）、色彩构成（见文前彩图 1-4）、立体构成的原理和技法，这是因为通过构成的训练，可以提高造型能力，激发作画者的创造力，为今后绘制效果图及建筑室内外设计打下良好的基础。

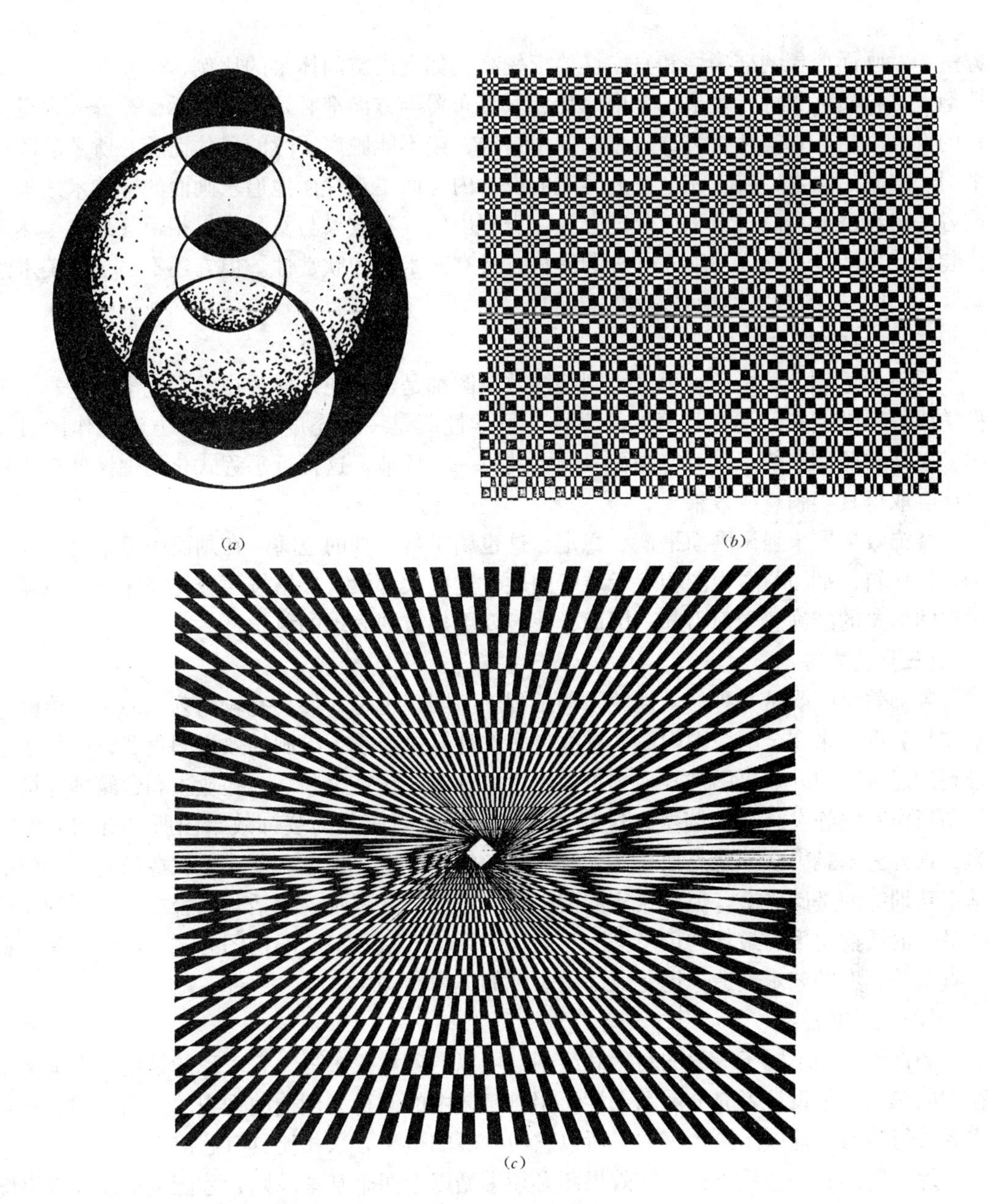

图 1-3　平面构成

第 3 节　装饰效果图必须遵循的原则及学习方法

一、基本原则

绘制装饰效果图与其他表现图一样，必须遵循四个基本原则：真实性、科学性、艺术性和超前性。

（一）真实性

装饰效果图和一般绘画相比，有它自身的特点，主要是它吸收了建筑工程制图的一些方法，对画面形象的准确性和真实性要求较高，如室内空间体量的比例、尺度等，在立体造型、材料质感、灯光效果、室内绿化、家具布置等方面都必须符合实际，充分表现设计师的设计思想。真实性是装饰效果图的生命线，绝不能脱离实际的尺寸而随心所欲的改变平面、空间的限定；或者完全背离客观的设计内容而主观片面地追求画面的“艺术效果”，或者一定程度的写意寄情和过分的夸张，表现出的气氛效果与实际效果相距甚远。虽然现代装饰效果图有日趋成为独立画种的趋势，具有艺术性和欣赏性。但它还不是“纯美术绘画”，因此，它的真实性始终是第一位的。

（二）科学性

目前无论是计算机还是手工绘制装饰效果图都是建立在几何透视学、光学、色彩学等科学成果基础上的，具有高度的科学性，科学性既是一种态度也是一种方法。作图过程中，必须按照科学的态度对待画面表现上的每一个环节，这种近乎程式化的理性处理过程往往会取得真实满意的效果。

装饰效果图中强调画面平衡、稳定，这也属于科学性的范畴。在画面中经常会出现柱子、梁偏斜，平面与透视图相互矛盾等问题，这些大都没有严格按照透视规律作图或缺少对空间形象的准确感受而引起。因而，我们要更加重视表现的科学性。

（三）艺术性

装饰效果图既是一种科学性较强的工程施工图，也是一件具有较高艺术品位的绘画艺术作品。近年来在全国范围内成功举办过多次计算机或手工绘制的效果图竞赛，一批水平较高的建筑室内外效果图被收入到正式出版的画册并畅销全国。一些业主和建筑师还把效果图当作室内陈设悬挂于墙壁，这都充分显示了一幅精美的装饰效果图所具有的艺术魅力。这种艺术魅力必须建立在真实性和科学性的基础之上，也必须建立在造型艺术严格的基本功训练的基础之上。但在真实的前提下合理地适度夸张、概括与取舍也是必要的。选择最佳的透视角度、最佳的色彩搭配、最佳的环境气氛、最佳的构图方式，本身就是一种在真实基础上的艺术创造，也是效果图表现的进一步深化。

（四）超前性

装饰效果图不同于一般的写生和绘画，可以照着对象摹写。它表现的是现实中本来不存在的东西，是设计者充分展示个性，用自己艺术的语言去创造的理想的使用空间，它是房屋进行装修之前展示给大家的，所以它与一般的造型方法相比具有超前性。

综上所述，一幅优秀的装饰效果图必须遵循以上四个基本原则，才能真正发挥效果图的作用。这对我们学习装饰效果图是至关重要的。

二、学习方法

效果图从某种意义上说，它也是一种技术。它最基本的特征是真实可信地表达人们在现实生活中看惯了的室内景象，因此在绘画的技巧上，有一套可以照搬的程式画法。不管你有没有绘画的天赋，掌握了这些技巧，就可以基本满足效果图表现的要求。

学习的方法应因人而易，对于初学者应选对路子，方法得体，自然会取得事半功倍的效果。这里推荐几种方法，仅供参考。

（一）临摹法

找一些自己喜欢的装饰效果图照片或原作品，由简单到复杂，分析其成功的原因及表现规律，研究掌握其构图特征、色彩搭配、材料质感等方面的表现技巧。吸纳有益的东西，增强自身的表现能力。临摹过程中要做到16个字：认真细致、掌握要领、循序渐进、细水长流。在动手之前，要仔细观察作品中的每一个细节，认真分析作品中的每一个步骤，了解和掌握作品中应用的各种技巧，下笔要准确，工具运用要自如。每完成一幅画都要从成功中找出经验，在失败中得到教训。不断的循序渐进，像用积木搭金字塔一样，每搭一层代表一个阶段，每一阶段解决一个主要问题并提高一个层次。只要细水长流，才能滴水穿石。这种方法靠的是不断地临摹长期积累，必能受到可观的效果。

（二）强制法

顾名思义，这种方法多少带有强制的味道。要求在短期内集中学会几种程式化的绘图技法，如：基本笔法的训练，界尺的运用，玻璃、墙面、家具等画法训练，光影、质感的表现技法等。

这种学习方法最好能得到专业老师手把手的指导，每一种技法都能看到现场演示并有一定的时间马上临摹，直到掌握它。就像建筑院校美术课集中实习一样，短时间内放弃其它一切课程的学习，集中精力全天训练，经过这种强化的集中突击式训练，在绘制效果图技巧方面定能前进一大步。

这种方法成败的关键在于学画者本身的毅力，要明确目标，在预定的时间内学会某一种特定的技法，付出比平时大得多的劳动，就能收到满意的效果。

（三）移植法

绘制装饰效果图的目的在于表现设计者构思中尚未建成的内部空间，只要能表达的准确，无论采用什么样的表现方法、那一类的绘画工具都是不受限制的，在绘制效果图过程中，每个人都可以有自己的风格，都应该用最新的材料与工具，尤其对初学者来说，要善于发现不同技法中的优点与缺点，进行合理的技法移植，使表现的空间达到完美的境地。这就要求我们在学习时更加重视装饰效果图的学习方法，而不能以盲目的摹仿手段去训练表现能力。

复习思考题

1. 装饰效果图在实际工程中有些作用？
2. 绘制装饰效果图应具备哪些基础知识？
3. 绘制装饰效果图过程中应遵循哪些原则？

第 2 章　装饰效果图的表现种类和构成要素

第 1 节　表　现　种　类

装饰效果图按不同的分类方法可分两大类，即色感表现类和快速表现类，每一类又有许多具体的特殊表现形式。

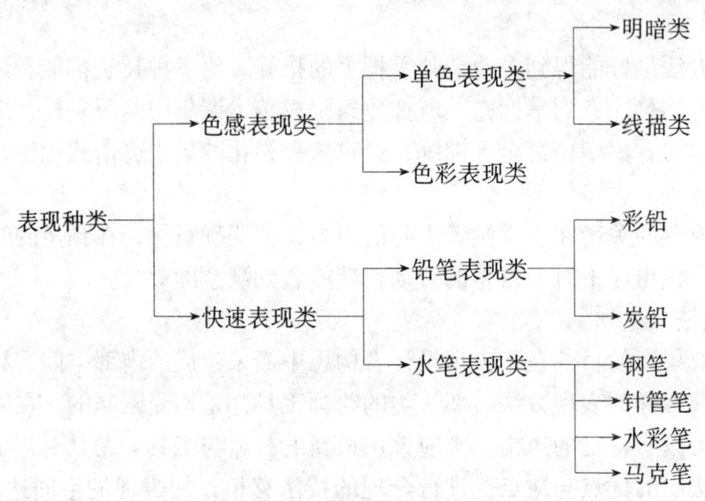

一、色感表现类

在色感表现类中有单色表现类与色彩表现类两种。

（一）单色表现类

所谓单色表现，就是以黑白或单一颜色的表现图。这种表现图又可分为明暗类（见图 2-1）和线描类（见图 2-2）两种，明暗类是利用光源照射物体产生的明暗规律，以一种色相的表现工具来表现物象的空间、形体、结构、质感、比例、透视等一系列造型过程。用这种方法表现既快速、便捷，又具有真实感，除色彩之外，其他方面都可以表现得真实、完整，具有黑白照片的效果。常用的工具有：钢笔、铅笔、炭笔、水墨等。

线描表现就是用线把室内空间的造型结构关系提炼出来，再按透视及明暗关系来表现室内效果。这种方法比前一种更具有快速、便捷和准确的优点。线描工具一般为绘图仪器。

（二）色彩表现类

色彩表现类与单色表现类有相似之处，它分为写实类和单线涂色类。写实类与明暗类除色彩不同之外，其他表现方法基本类似（具体绘图技法第 5 章中详细介绍）。而单线涂色类又与黑白线描相类似，常用的方法是先用铅笔起稿，然后上色，最后用针管笔“勾边”。这种色彩表现图的主要工具有水彩、水粉、彩色墨水等。（见文前彩图 2-3、彩图2-4）

图 2-1　明暗类　长春市工人游泳馆（针管笔）　王丽颖

图 2-2　线描（钢笔）　书房　王丽颖

二、快速表现类（见文前彩图 2-5、彩图 2-6）

快速表现类形式很多，按照不同类型用笔可分为下列几种形式（具体绘图技法第 5 章中介绍）：

（1）钢笔淡彩

（2）马克笔

（3）炭笔淡彩

（4）炭笔

（5）针管笔

（6）彩色铅笔

（7）综合表现法

第2节 构 成 要 素

构成装饰效果图的基本要素是设计构思、空间造型、明暗色彩、质感表现、家具陈设及室内绿化。

一、设计的立意构思与空间造型

绘制装饰效果图无论采用何种技法、何种表现形式，画面所塑造的一切都是围绕设计的立意构思来进行的。正确地把握设计的立意构思，在画面上能尽量表达出设计的目的、效果，创作出符合设计本意、满足业主要求，并有一定的艺术和欣赏价值的画面，是学习装饰效果图的首要着眼点。另外，室内空间造型设计是否有特色，功能是否合理，形体是否准确，也是构成装饰效果图最主要的要素之一。设计构思是通过画面艺术形象来体现的，而形象在画面上的位置、比例、方向及所表达的功能关系、空间造型是建立在严格的设计理论、科学的透视学规律基础之上的。

二、明暗色彩与质感表现

在透视关系准确的画面上赋予适当的明暗与色彩，可更加完整地体现一个带有感情色彩，真实、完美的空间形体。绘图过程中要注重色彩感觉与心理感受之间的关系；注重各种上色技巧以及绘图材料、工具和笔法的运用。运用明暗与光影的变化，在一定程度上可以表现物体材料的质感效果，还可以借助绘图工具和材料的工艺特点，运用笔触变化等手法来描绘物体的肌理效果。

三、家具陈设及室内绿化

家具陈设及室内绿化也是装饰效果图重要组成要素之一。为了获得大自然的生机，将室外生长的绿叶植物与花草引入室内已是平常之事。在画面中起到点缀和衬托的作用。

以上几个方面就是构成装饰效果图的基本要素，如果说设计的立意构思与空间造型是装饰效果图的灵魂、骨骼，那么，明暗色彩、质感表现、家具陈设及室内绿化就是装饰效果图的血肉。只要效果图中包含了上述要素，然后在用实实在在的形体、色光去反映内在的精神和情感，就能赋予装饰效果图以生命力。

复习思考题

1. 装饰效果图包括哪些种类？
2. 什么是单色表现类？
3. 装饰效果图的构成要素有哪些？

第3章　绘制装饰效果图常用的材料与工具

装饰效果图所用的材料和工具非常多。相同的材料与不同的工具配合使用，将产生不同的装饰效果，不同的材料与不同工具的配合使用装饰效果也不一样。在实际运用中常采用多种材料和工具，加上不同的表现方法来表现室内外装饰效果。因此，熟悉和掌握不同材料和工具的性能、特点和用法，是画好效果图，使室内外效果表现更加完善的先决条件。

下面介绍一些绘制装饰效果图中常用的笔、纸、颜料和辅助绘图工具。

第1节　笔

用于设计表现使用的笔种类很多，设计者可以根据自己的绘画风格、喜好、表现的类别来选择不同的工具。

一、铅笔（见图3-1）

1. 绘图铅笔

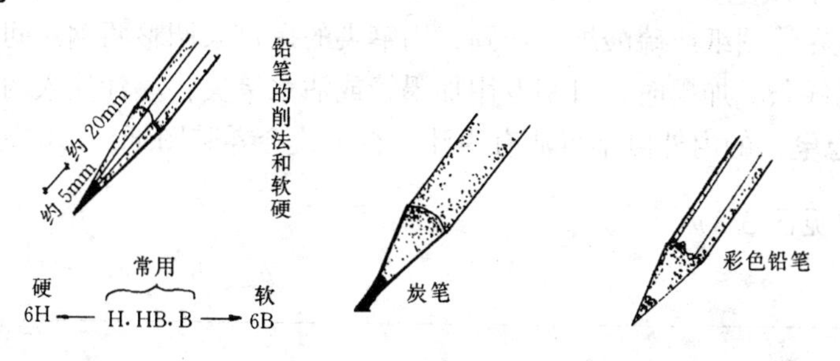

图3-1　铅笔的类型

绘图铅笔的铅芯有软硬之分。H系列为硬铅芯，数字愈大表示铅芯越硬；B系列为软铅芯，数字愈大表示铅芯越软；标有HB的铅笔，表示铅芯软硬适度。

在单色绘图中，可以通过退晕形成连续色调，擦改也很方便，但绘出的线条不是浓黑色，因而复制效果不理想。在用绘图铅笔为水彩效果图打轮廓线之后，应当用清水冲洗画底，既可以固定线条，又能除去影响水彩质量的多余铅笔粉沫。作图时，常常转动笔杆或者准备好硬度相同的绘图铅笔，以确保线条的均匀。

2. 炭笔

炭笔是最古老的绘图工具之一。它硬度低，粗细不一，质地松散，极易弄脏画纸。同铅笔一样，运用点或线退晕，能表现多种色调，若要修改误笔或制造高光点时，要用吸粘橡皮，并在画图时，一定要把暂时不用的部分遮盖起来，以保持图面的清洁。

3. 彩色铅笔

彩色铅笔分油溶性笔和水溶性笔两种，适宜在较粗较厚的纸上作画。油溶性笔，色彩强烈，不透明，但较软，易折断，涂色困难。水溶性笔，色彩透明，绘图时能快速涂上，并能轻易擦掉，用水抹，色彩更加柔和。

二、钢笔（见图 3-2）

1. 针管笔（绘图笔）

针管笔能吸储墨水，携带方便，可有多种规格（0.1～1.2mm）供选择。它适宜在光滑的绘图纸和硫酸纸上画出不同粗细的线型，是用点或用线作画的理想工具，并能用刀片或刮刀修整败笔。不作画时，应将针管内的墨水冲洗干净，保证今后绘图时墨水流量均匀。

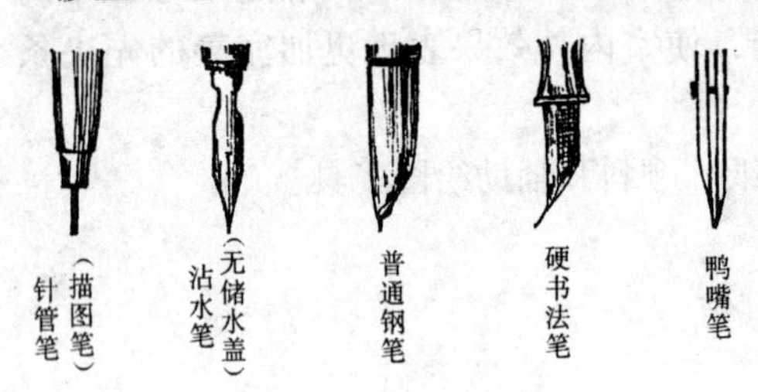

图 3-2　钢笔的类型

2. 沾水笔

沾水笔可用防水墨水或水溶性墨水在细或粗制的画纸上，用点、实线或虚线作画。在优质绘画纸版上绘图时，可在墨水尚未透到底层前，用刮刀刮掉失误之笔，然后用白橡皮擦一遍或用指甲磨亮修改处，可防止重新绘图时出现渗墨现象。

3. 普通钢笔

它有沾水笔线条变化的灵活性，而且自带蓄墨囊来保证笔尖的流畅。弯头的自来水笔画粗细线均可，这种笔宜书画，方便快捷，是速写、勾画草图和快速表现的常用工具。

4. 鸭嘴笔（直线笔）

鸭嘴笔适宜在绘图纸或硫酸纸上作画，用笔尖的螺钉来调整两钢片间的距离，绘出不同粗细而直挺的线条。加墨时，可用专用加墨管或沾水笔尖将墨汁注入两钢片之间，其高度约 6mm。注意笔尖的内外侧不得沾有墨汁，否则，会弄脏图纸，影响图面质量。

三、毛笔（见图 3-3）

1. 水彩笔

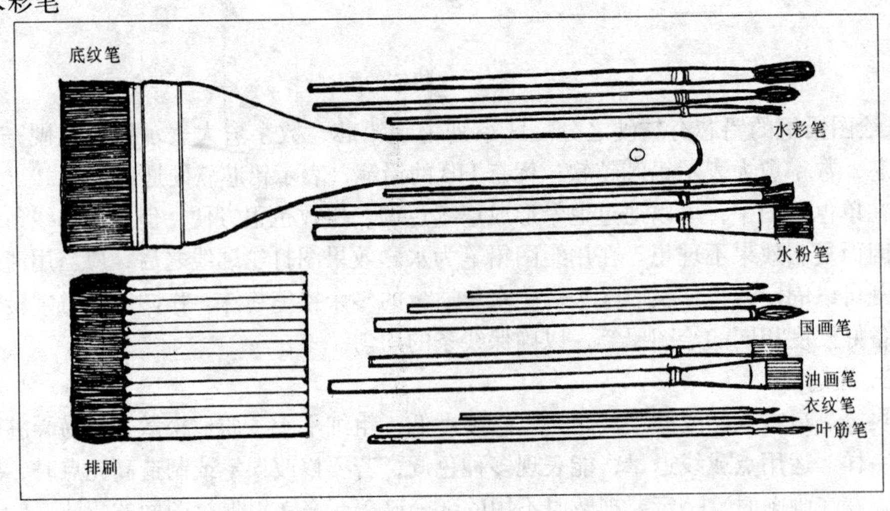

图 3-3　毛笔类型

水彩笔分狼毫和羊毫两种。狼毫水彩笔头圆、锋长、弹性好、含水量大，有不同型号供作图选用。大号进行大面积渲染，中、小号笔刻画细部，但不便摆、贴。这种笔也可用白云羊毫代替。

2. 水粉笔（平头笔）

水粉笔约有大小七八种型号，这种笔外形与油画笔相似，多用羊毫制成。毛层厚而软，有一定的吸水量，可大面积渲染，小面积摆、贴，但弹性欠佳，运笔后笔毛不易恢复，厚涂和干画困难。

3. 油画笔

油画笔毛常用猪鬃为原料制成。富有弹性，含水量少，宜于干画、厚涂或进行块画塑造。

4. 国画笔、衣纹笔

这类笔笔头为狼毫，锋长毛少，笔尖，弹性好，常用于勾画线条和细部上色。

5. 排刷、底纹笔

这类笔笔头扁平，含水量较大，笔毛多由羊毛制成，毛层较薄，涂色均匀。是打底、大面积上色和裱纸的理想工具。

四、其他笔（见图 3-4）

1. 马克笔

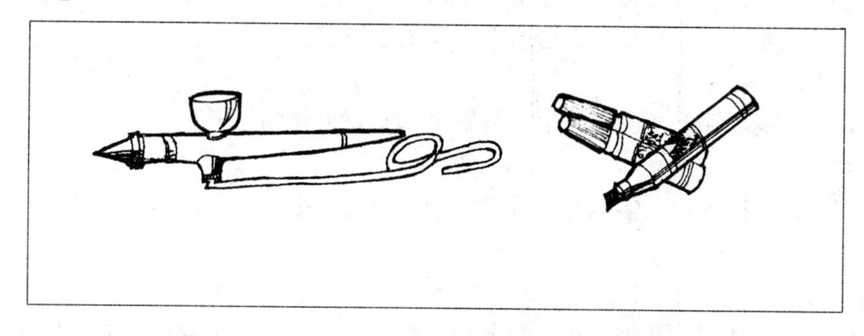

图 3-4 喷笔、马克笔

马克笔色彩丰富，分水性和油性两类，油性易发挥，用后应将笔头套紧，不宜久存，马克笔具有浸透性、覆盖性等特点，并有宽、细两种笔头可供选择。细线马克笔，可以在粗糙或光滑的纸上刻画细部；宽线马克笔可在光滑的纸上表现物体大面积和阴影部分。一般用一种特殊的混色马克笔消除败笔。

2. 喷笔

喷笔须配合空气压缩机或压缩空气罐使用，口径从 0.2～0.8mm。常用它表现实体表面、透明表面、反射光及照明效果，用水彩（或彩色墨水）和水粉作的画可表现出物体的透明和不透明性，与针管笔相同，用后及时清洗，避免堵塞。

第 2 节　纸

纸的品种很多，不同的纸质，其吸水性、吸色性会有差异，不同的纸张纹理对表现效果也有影响，设计者可根据自己的实践和使用习惯来选择合适的纸张。为使表现图有特殊的效果，本书从纸的类型与性能、画前裱纸和画后装裱三个方面作以介绍。

一、纸的类型与性能

1. 素描纸

素描纸有粗糙和平滑两面，一般用粗糙一面。它易画铅笔线，耐擦，吸水性偏高。宜作素描练习和彩色铅笔效果图。

2. 水彩纸

水彩纸有粗糙和平滑两面，粗糙面为正面，吸水性强，宜吸收颜色，并且涂上颜色后色彩较鲜明。干画可出现“飞白”或“枯笔”；湿画可减弱水流程度，也可表现“沉淀”、“水迹”等特殊技法。

3. 水粉纸

水粉纸较水彩纸薄，纸面略粗，吸色稳定，不宜多擦。

4. 绘图纸

绘图纸较厚，结实耐擦，表面光滑。宜用水粉、钢笔淡彩、马克笔、彩色铅笔和喷笔作画。

5. 马克笔纸

马克笔纸多为进口纸，其中马克笔 PAD 纸吸收油溶剂能力强，不会造成晕染，纸质细密，适合于重复涂绘，其略有的透明性便于描绘原稿。

6. 铜版纸

白亮光滑，吸水性差，适宜钢笔、针管笔和马克笔作画。

7. 色纸

色彩丰富，品种齐全，多数为中性纯度颜色，可根据画面的内容用有色纸作底，以统一画面色调。

8. 描图纸

又称硫酸纸。透明，常作拷贝、晒图用。亦可用针管笔和马克笔作画，但要注意，描图纸具有遇水起皱，遇光变色，不易久存的特点。

9. 宣纸

宣纸有生宣和熟宣两种。生宣纸吸水性强，宜作写意画；熟宣纸耐水，可多次用软笔加色渲染，用于国画的工笔画和水墨画。

二、裱纸

我们在绘制效果图时，首先应将图纸固定才能方便作画。最简单的方法就是用图钉把纸固定，这种方法只能用于非水质颜料；当采用水质颜料作画时，就必须将图纸裱贴在图板上，才能绘制，否则纸张遇湿膨胀，纸面凹凸不平，绘制和画面的最后效果都要受到影响。

下面介绍二种裱纸方法：

（一）正面刷水裱纸法（见图 3-5）

（1）正面在上，沿纸面四周向上轻轻折边 2cm。

（2）用干净的排笔沾清水将折纸内均匀涂抹。

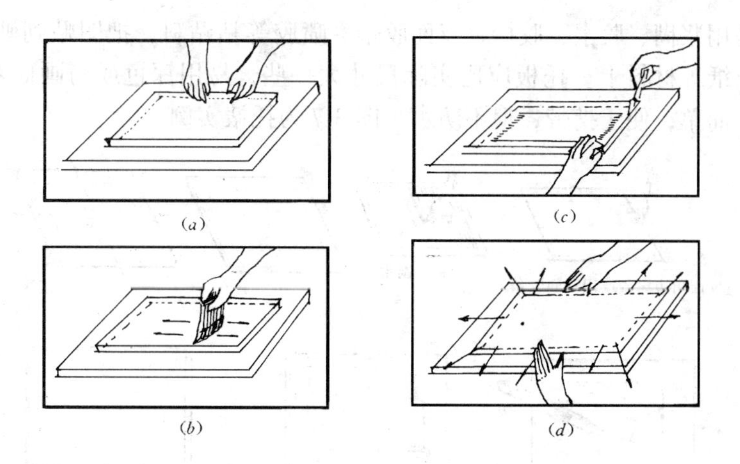

图 3-5 正面刷水裱纸法

（3）湿毛巾平敷图面保持湿润，同时在折边四周均匀抹上一层浆糊或乳白胶。

（4）确定图纸的位置，再按图示序列双手同时固定和张拉图纸。

（5）图纸四边干了之后，再取掉毛巾。

（二）反面刷水裱纸法（见图 3-6）

（1）在纸反面四周刷 1cm 左右宽的浆糊或乳白胶。

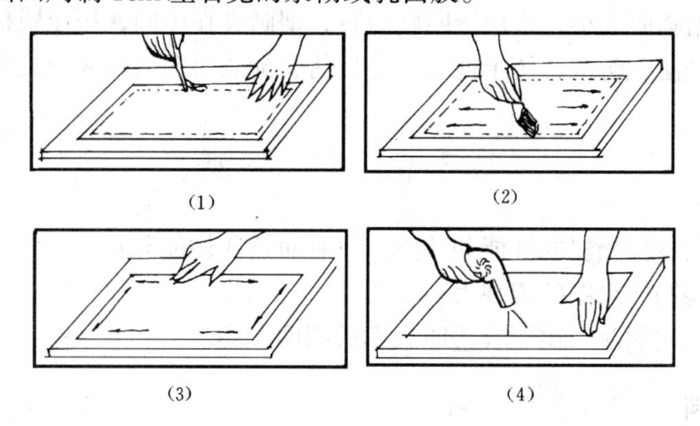

图 3-6 反面刷水裱纸法

（2）用排笔在纸反面刷水。

（3）把纸正面向上，再用手压实四边。

（4）用吹风机先吹四边，后吹中间，大约 5 分钟左右，即可使用。

三、纸的装裱

画纸的保存也是很重要的。潮湿会使画纸出现霉斑；日光下曝晒，易于变黄，所以把画纸保存在干燥、通风、日光照射不到的地方为好。尤其是对完成的效果图，常采用托裱、装框和压膜三种方法来保存图纸。

这是装饰效果图完成前的最后一道工序，应依据表现的内容、绘图的表现风格、图面的色彩选定装裱的方法。

1. 托裱法

托裱法是用浆糊、胶水、胶棒、双面胶带、喷胶等粘贴料，把图贴到硬纸板、木板、塑料板、泡沫纸等材料上。托板应比实际尺寸大一些，易用深色或与画面对比度大的材料。这种方法简单，便于携带，但不防水。图 3-7 为托裱实例。

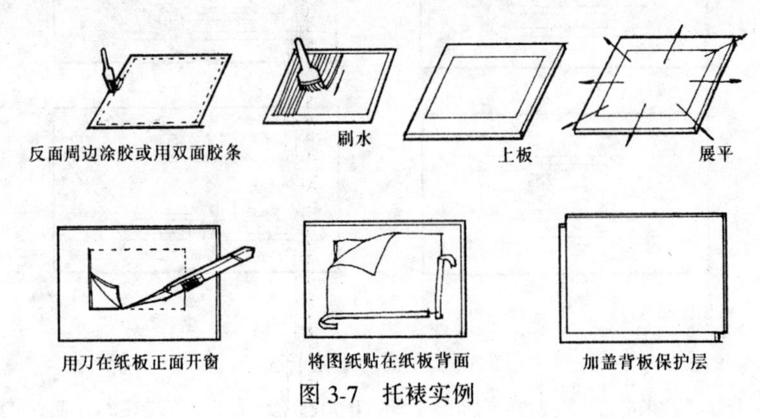

图 3-7　托裱实例

2. 装框法

装框法是按照图面尺寸，用纸框、木框、金属框、塑料框等材料，把画镶在框内，表面可用玻璃或薄塑料罩面。装框时用吹风机把塑料吹平。这种方法便于长期保存画。

3. 压膜法

压膜法是根据画面大小，采用透明硬塑料，把画夹在中间，用压膜机塑封而成。这种装裱方法简单、轻便、防水、便于携带，是目前装饰效果图装裱采用最多的一种。

第 3 节　颜　　料

本节主要介绍各种颜料的性能和特点，只有对这些性能和特点了解、把握和发挥，才能更有效地提高装饰效果图的表现力。

装饰效果图所用的颜料主要分透明和不透明两大类。

一、透明颜料

1. 透明水彩（见图 3-8）

一般为铅锌管装，用水调和，水愈多，色愈浅。其色彩淡雅，层次分明，具有透明性。利用这一特性覆盖不同色相的颜料，能隐现透出下层的颜色，使效果图丰富含蓄。透明水彩适于表现不同变化的空间环境。

2. 透明水色（见图 3-9）

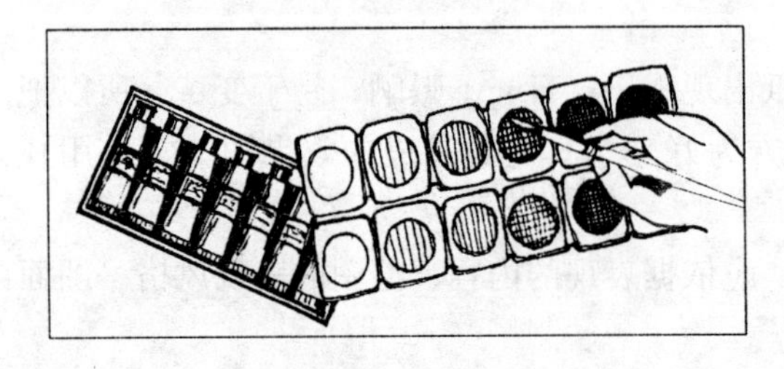

图 3-8　透明水彩

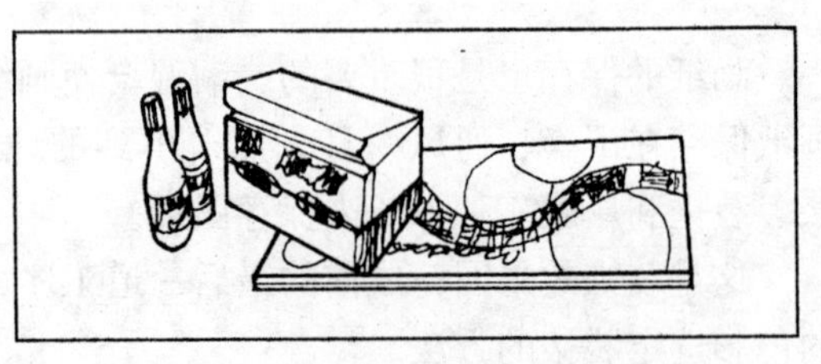

图 3-9　透明水色

透明水色分干片与小瓶装两种，其色彩鲜艳、透明、浓度高、渗透性强。由于不便多次渲染和用橡皮擦，因此适用于快速表现的钢笔淡彩。

3. 彩色墨水

它是一种比水彩透明性更高的水溶性颜料，并具有色彩明朗、轻快、容易涂色，而且干后不褪色，不易擦掉，表现的效果无厚度感等特点。适用于钢笔淡彩、铅笔淡彩和喷笔画。

二、不透明颜料

1. 水粉（见图 3-10）

水粉又称广告色或宣传色，有袋装、瓶装和锡管装三种，常用锡管装。用水来调配，易干，有极强的覆盖力，因此便于修改。它的变易性又使表现画具有复杂性。潮湿时颜色鲜艳，干时变灰（浅）；经光照后易褪色；部分颜色混合使用色彩发灰、变黑。

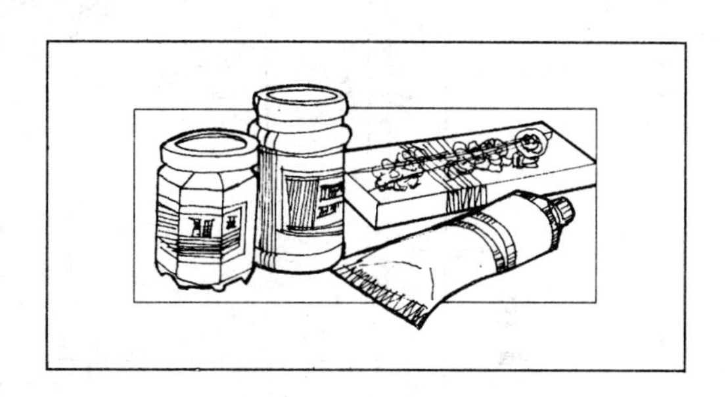

图 3-10　水粉

2. 丙稀颜料（塑料颜料）

它是一种较新的绘画材料，一般为锡管装，有水溶性和油溶性两类。它厚涂像油画，薄画像水彩渲染，其色彩比水粉更鲜明，能较好地附着在各种纸上。并且易干、耐光照、防水性能好，广泛地用于美术画、壁画、装饰画和建筑效果图等领域。

3. 喷笔颜料

喷笔颜料一般选择颗粒较细的水性颜料，如水彩、水粉和透明水色。油性颜料黏度较大，易堵塞喷嘴，故不能用油性颜料。

装饰效果图究竟选用什么颜料，应和表现内容、用什么纸、什么笔及用什么颜色、采用什么样的表现技法等统一考虑。

表 3-1 为常用的技法、材料及工具的应用（仅供参考）。

常用的技法、材料及工具　　　　**表 3-1**

技法种类	笔	纸	颜　料
水粉平涂渲染法	水粉笔、白云笔、叶筋笔	绘图纸、水彩纸、白卡纸	水粉色
浅水粉底色法	棕毛板刷、水粉笔、衣纹笔	绘图纸、水彩纸、白卡纸	水粉色
厚水粉笔触法	棕毛板刷、油画笔、叶筋笔	绘图纸、白卡纸	水粉色
水彩渲染法	水彩笔、白云笔	水彩纸	水粉色
透明水色渲染法	羊毛板刷、白云笔	水彩纸、绘图纸、白卡纸	透明水色
透明水色墨线法	针管笔、羊毛板刷、白云笔	水彩纸、绘图纸、白卡纸	透明水色、墨水
马克笔法	马克笔、针管笔、签字笔	绘图纸、硬卡纸、马克笔纸	油性或水性马克笔、墨水
喷绘法	喷笔	绘图纸、白卡纸	水彩、水粉、透明水色
水质颜料综合法	上列笔综合运用	各类纸	各种水质颜料

第4节　辅助绘图工具

辅助绘图工具主要指起到支承、固定、画线、调色、修改和裁剪作用的工具（见图3-11）。

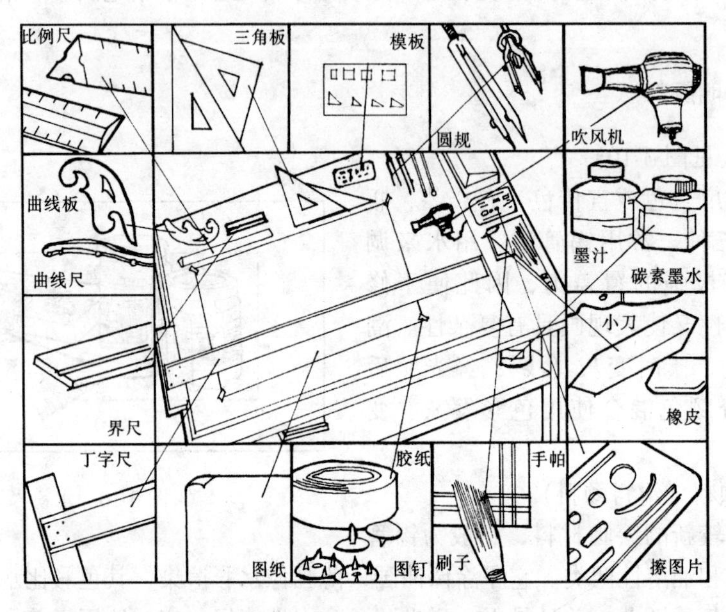

图3-11　辅助绘图工具

（1）支承工具：绘图板、画夹和画架。

（2）固定工具：胶带纸、胶水、浆糊和图钉。

（3）画线工具：丁字尺、三角板、曲线尺、模板、界尺和比例尺

（4）调色工具：调色盒、调色盘和调色板。

（5）修改工具：橡皮、擦图片和刀片等。

（6）裁剪工具：单面刀片、双面刀片和裁纸刀。

（7）其他工具：烘干与装裱用的吹风机；喷笔遮盖用的薄膜；清洗用的水盂。

复习思考题

1. 请说明绘图铅笔的适用范围以及怎样使用能保证线条的均匀?
2. 怎样修复钢笔绘图所出现的败笔和洇渗现象?
3. 请说明喷笔的表现范围、所用颜料和用后笔的处理。
4. 请说明装饰效果图的裱纸和装框的方法。
5. 丙烯颜料与水彩、水粉和油画颜料的区别?

第 4 章　绘制装饰效果图的基本方法

第 1 节　装饰效果图的作图步骤和注意事项

一、作图步骤

1. 画前准备

装饰效果图在落笔之前思想上要有准备，充满信心，做到对选用工具、画法，完成的时间和图面效果要心中有数，也可准备些有关资料以备借鉴、参考之用，具体对设计对象的布置、形态、组合、材料等进行整体的分析、归纳，并徒手勾出几个不同角度的草图进行透视草图的选择，考虑好人物点景、背景及色调的处理。

2. 刻图（起稿）

按照正规的作图方法，画好小幅透视图，然后将小的透视图在复印机上放大成所需要的尺寸，再把画刻到裱好纸的图板上，为使线条更加清楚，可用铅笔重新描一遍，注意不要弄脏画面。

3. 表现步骤

无论采用哪一种表现方法，都是先远后近，先后再前，先里后外，先暗后明，先整体后细部。注意画面的色彩与环境相协调。

4. 总结、分析和调整

从已做的效果图中找出问题，想出改进意见，进行整体调整，细部弥补，完善整体效果。最后的调整画面是使装饰效果图生动的深加工，围绕整体画面使其形和色画得更精彩，起到提神作用。

二、注意事项

1. 效果应服从设计

装饰效果图是根据设计来创作的，无论是从空间形态、构图的方法、技法的选择、色彩的搭配、材料的质感等方面都应符合和尊重设计。

2. 准确的透视关系

效果图一般都是用透视图来完成的，因此必须选择合适的透视类型进行表现，而且透视准确、无误，视点选择合适才能更好地表现设计。

3. 技法的掌握

画好效果图必须充分运用绘画的各种技法作为它的表现手段，任何的绘画工具和技巧都可以用来画效果图。以室内为例，室内效果图是由建筑的顶棚、墙、地面和室内的家具陈设等方面组成。室内表现效果的好坏主要取决于室内各组成部分的单一元素的表现技法，因此熟悉和掌握单一元素的技法是绘制好装饰效果图的必备条件。

4. 整体统一

装饰效果图反映的是室内外设计中各组成部分的位置、形式和风格，因此，只有整体统一，才能充分表现它的装饰效果，使设计环境更加优美。

第 2 节　透视图的类型

装饰效果往往是通过透视图表现出来的。透视是一种将三维空间的形体转换成具有立体感的二度画面的效果图。一点透视、二点透视、三点透视和俯视图是我们在设计中常采用的几种作图方法。

一、一点透视（见图 4-1）

一点透视也称平行透视，是室内空间的一面与画面平行，其他垂直画面的线消失在中

图 4-1　一点透视

心灭点的透视。一点透视主要表现正面和与正面有关的室内空间效果。它庄重、严肃、纵深感强，且运用广泛，便于用丁字尺、三角板作图，并且快捷、简便和实用。

二、二点透视（见图 4-2）

二点透视也称成角透视，是室内外空间的二个方向的面与画面成斜角度（常用 30°和 60°）。其他三个方向的线消失在左右两个灭点上。二点透视主要表现室内空间的整体效果。它比一点透视较自由、活泼，接近真实感，但角度选择不好，易产生变形。

三、三点透视（见图 4-3）

三点透视也称斜透视，是室内外空间的三个方向的面与画面成斜角度，其各方向的线消失在左、右和上（或下）三个灭点上。

四、俯视图（见图 4-4）

这是一种将视点提高于建筑物屋顶的透视图，它符合于人们居高临下观看建筑物时所

获得的视觉效果。此透视便于表现比较大的室内空间群体，常采用一点透视、二点透视和三点透视的作图方法来表示。

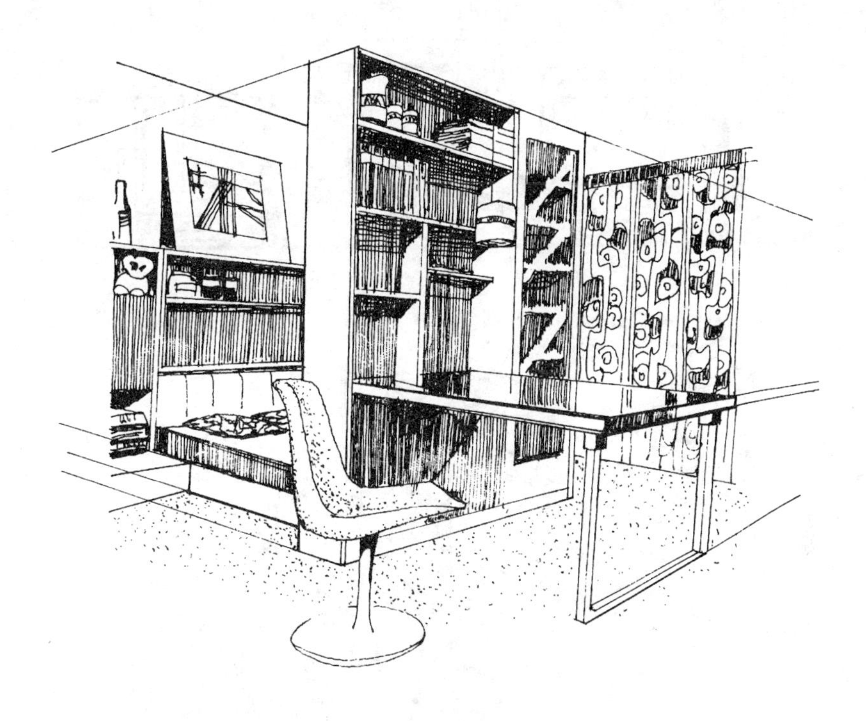

图 4-2　二点透视

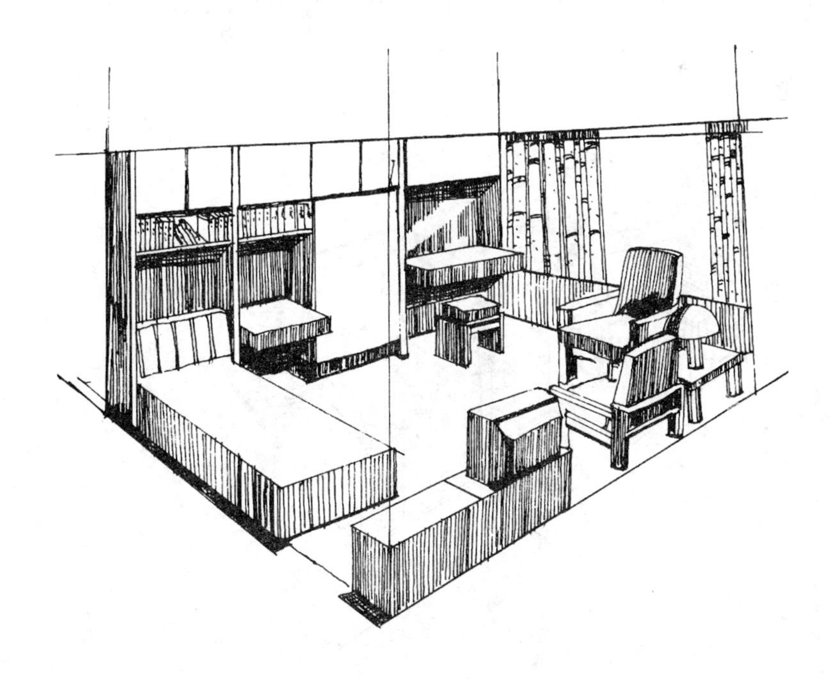

图 4-3　三点透视

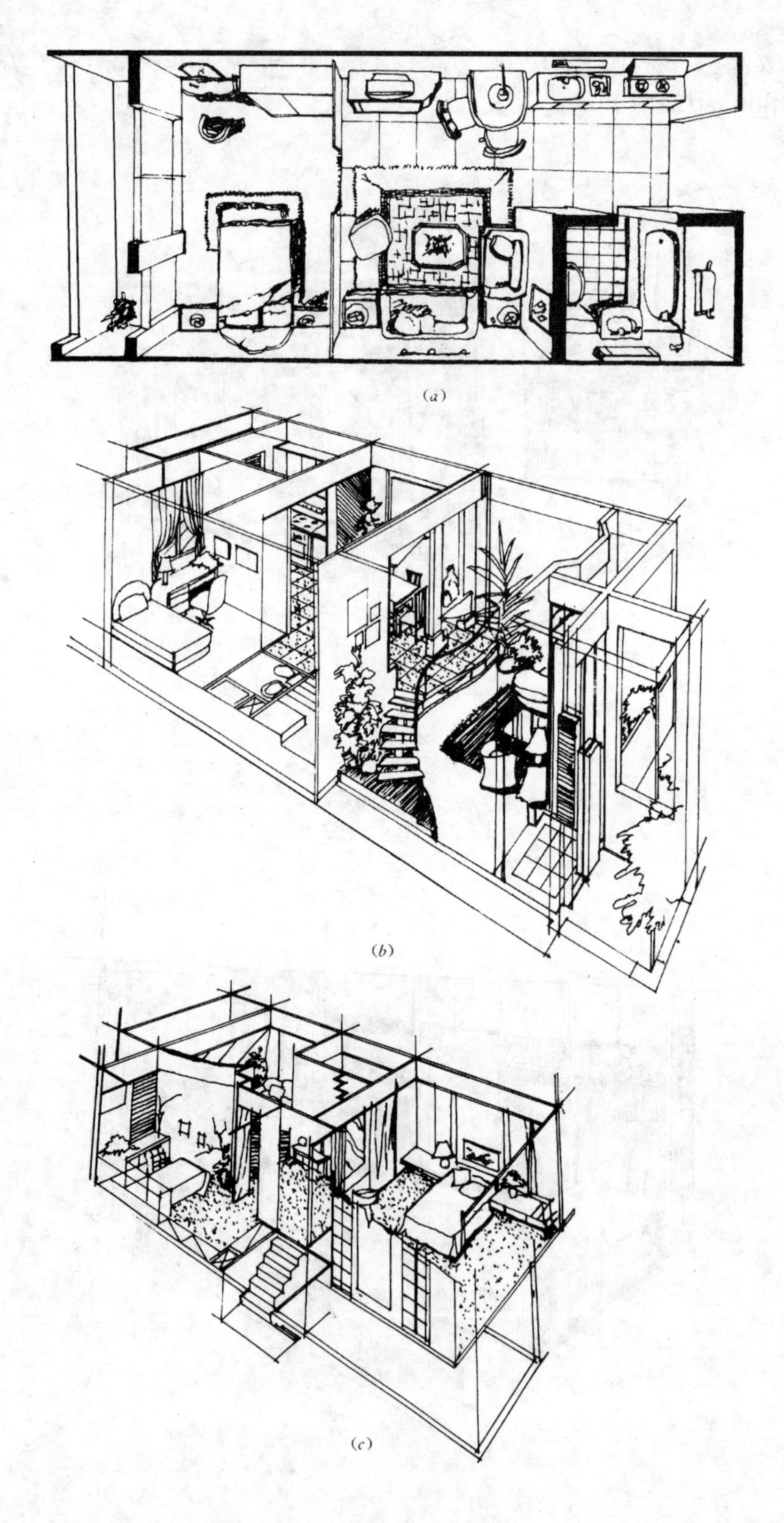
(a)
(b)
(c)

图 4-4　俯视图

第 3 节　装饰效果图的构图种类

构图就是布局，它是一个设计、构思的过程，也就是在二维平面上，将效果图中的各元素进行组织安排，以便更充分地表现装饰效果。

装饰效果图的构图，区别于纯绘画的构图原则，其本质在于构图上的灵活性要受到室内外各元素位置及数量的限制，即构图要表现设计，又要服从设计。装饰效果图有以下构图形式。

一、形态构图

形态构图就是通过室内设计所表现室内空间界面的组成元素、家具和陈设的形状、样式，进行分析、归纳，选择具有代表性的形态特征作为装饰效果图的构图类型。

一般情况下，室内空间的形态构图多选用横向和竖向构图方式，在特殊的空间处理中，也有斜向和曲向形态构图。横向构图取得和平、宁静、平稳、宽阔的效果；竖向构图可以取得严肃、雄伟、高大和悲哀的效果；斜向构图可以取得向上或向下的运动效果；曲向构图则能表现出优美、柔和和抒情的效果。值得注意的是大部分的室内空间的界面、家具和陈设的形态是多种多样的，故产生综合形构图。图 4-5 为形态构图形式。

二、面积构图

面积构图就是根据室内空间的性格，在设计过程中把室内各组成元素以面积的大小、比例等进行有机的组合，来突出表现室内设计的主题。

在装饰效果图中，主要有三种面积构图的形式。

（1）主体家具和陈设与周围界面之间的面积构图。

（2）主体家具和陈设与地面之间的面积构图。

（3）主体家具和陈设与次体家具和陈设之间的面积构图。

为取得以上面积关系的和谐，常从形体面积的比例、形状和色彩等诸方面来表现。为突出主体，从体比例应相应缩小；从体的形态相应选择“透”或“虚”形来表现；从体的色彩相应偏冷明度和纯度相应较低。

三、视点构图（见图 4-6）

视点构图就是在装饰效果图的表现中，利用视点、角度进行构图的方式。

视点构图常用的方法有：

（1）利用视距离变化来表现室内空间的纵深效果。

（2）利用视高的变化来表现室内效果。

视高越低，越能表现室内上部空间的效果；视高越高，越能表现室内各元素的平面位置关系；视点在视平线附近，则更能表现室内各元素之间的关系。

（3）利用视角的变化来表现室内效果。

在视高不变的情况下，利用视角的变化能表现室内不同界面的位置关系。

- 视平线偏高，重点表现地面。

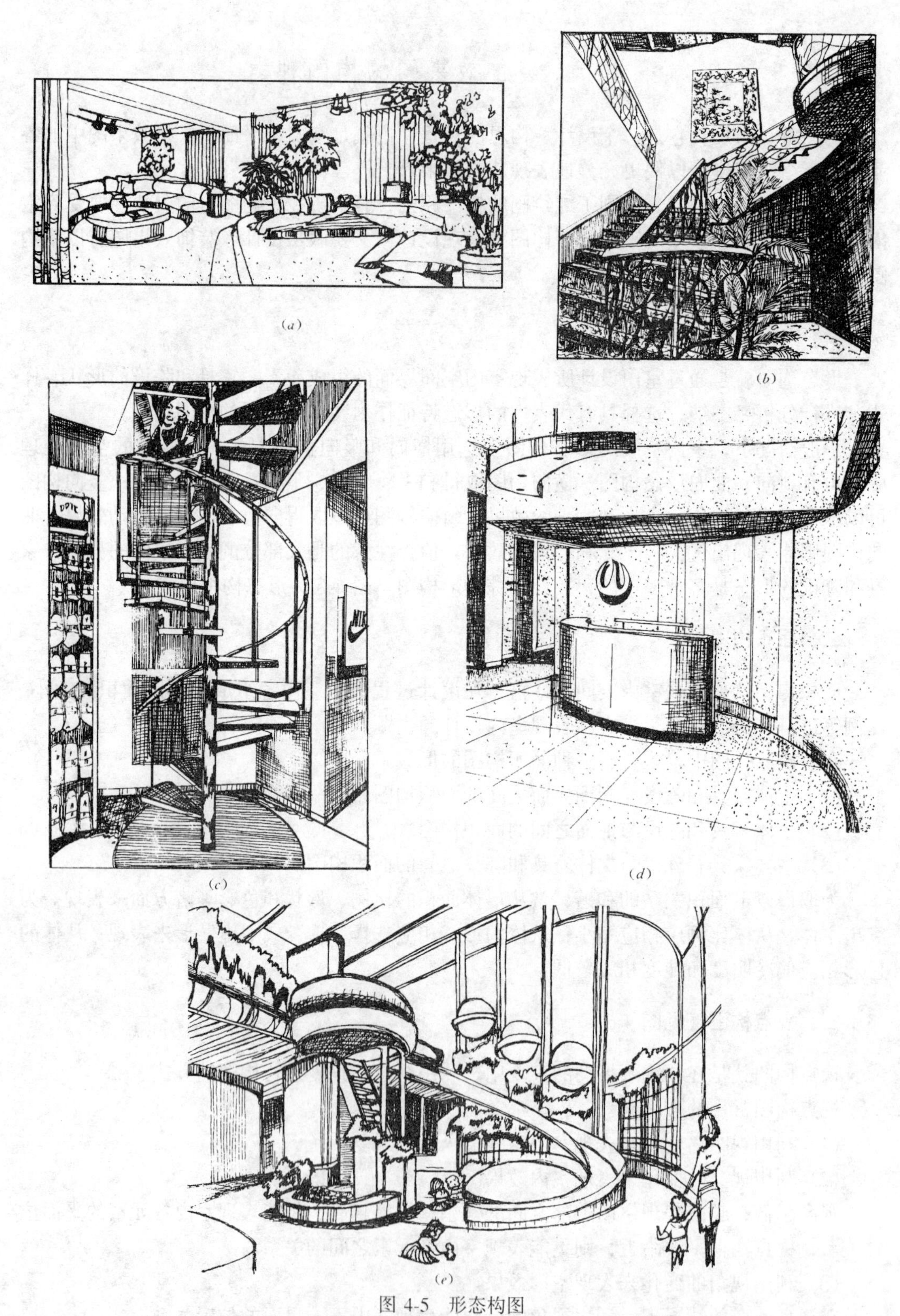

图 4-5　形态构图

（*a*）以沙发为主的横向构图；（*b*）以滑梯为主的斜向构图；（*c*）以旋转为主的竖向构图；（*d*）空间、服务台、吊顶的曲向构图；（*e*）斜向楼梯、曲向平台的综合构图

● 视平线居中，顶棚、地面均等表现。

● 视平线偏低，重点表现顶棚。

● 视点偏右，重点表现左墙面。

● 视点居中，左右墙均等表现。

● 视点偏左，重点表现右墙面。

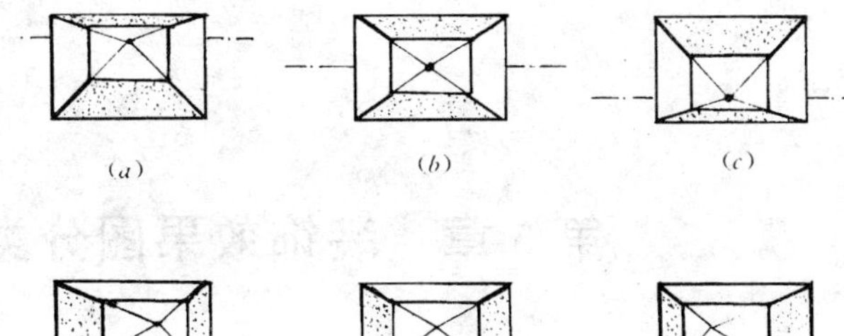
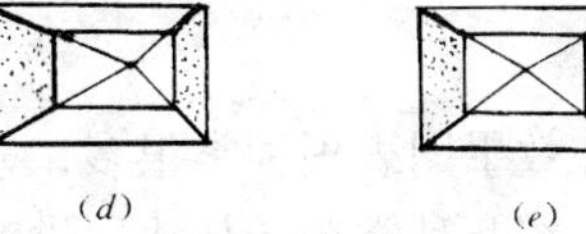
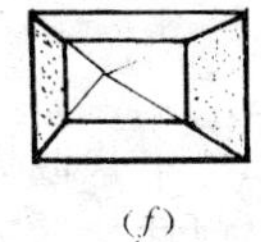

图 4-6 视点与画面的关系

图 4-7 为视距变化之后，室内空间的不同效果。

● 视距小，表现局部特征和细部做法。

● 视距大，表现室内整体空间的纵深效果。

四、统筹构图

统筹构图就是精心地利用一切视觉造型语言对整体空间进行统筹设计的构图方式。视觉造型语言的形式多种多样，如质与量、光与影、明与暗、冷与暖，点、线、面、黑、白、灰，色彩、空间、笔触、气韵、隐喻、均衡、韵律，粗糙与细腻、平板与生动、静止与运动、虚与实，甚至作画完成之后的装裱等内容，进行有目的、理性地综合考虑，统筹安排，从而使画面更加完善。

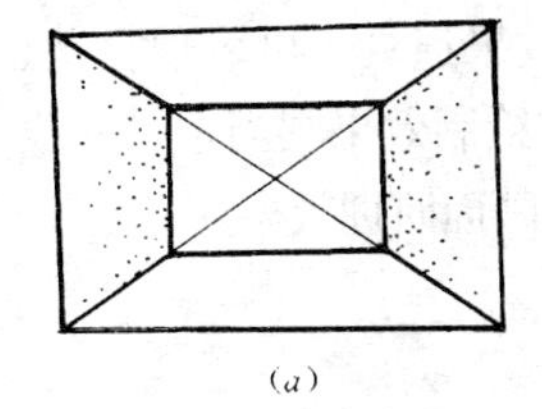
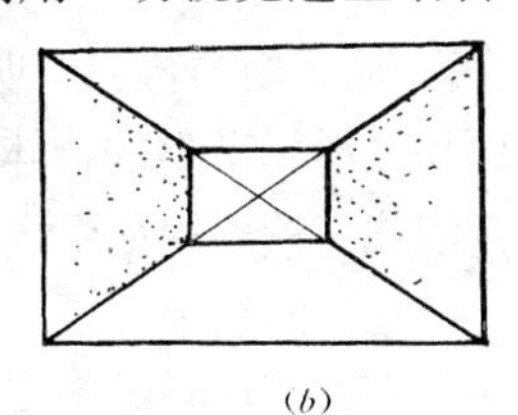

图 4-7 视距变化

复习思考题

1. 学习装饰效果图应注意些什么？
2. 简述装饰效果图的绘制程序和步骤。
3. 本书讲述几种构图方式？
4. 请说明视点构图中，视距、视点的高低和视角的变化对效果图的影响。

第5章　装饰效果图分类技法介绍

上一章我们提到了装饰效果图表现种类很多，应根据个人的能力和表现的内容选择合适的表现技法，下面分别介绍几种常用的技法，供练习时参考。

第1节　铅笔效果图表现技法

铅笔在绘画中是一种接触最早，使用最普遍的工具，可分为彩色铅笔和普通铅笔两种。铅笔效果图不像素描那样需要反复认识、反复修改。它须做到心中有数、意在笔先，对整个画面的明暗效果、运笔方向、色彩搭配事先有一个基本计划。

一、铅笔线条分类（见文前彩图5-1～彩图5-4）

铅笔线条分徒手线和工具线两类。徒手线生动，用力得当，明暗效果逼真，可表现复杂、柔软的物体，工具线规则、挺拔，可表现大面积光滑、平整的物体。在绘制效果图当中，一般多采用两者相结合的方法，用工具线先画出轮廓线，然后用徒手线填充画面肌理效果。

二、铅笔运用

用铅笔画线，要充分掌握铅笔的性能，利用铅笔的软、硬、粗、细，以表现不同的明暗程度及质感效果。画线时要掌握好用笔的力度，要让画出的线条有立体感，深、浅、厚、薄分明。起笔、落笔要重，中间运笔要均匀。

用铅笔涂色一般采用两种办法：一种是排线法，使用笔头，排出均匀的线条，以构成所需表现面的层次，另一种是薄涂法，使用铅笔的侧锋，涂抹出深浅不同的调子。画线条涂调子时，不能光靠铅笔的软硬，应着重手的训练，以轻重不同的腕力及用笔的变化，来画出不同线条和调子。执笔的方法要大器，不必拘谨。涂大面积明暗及最深调子时，使用软铅笔。轻着纸面便于修改。

普通铅笔效果图一般选用HB、2B、3B、4B、5B铅笔；彩色铅笔效果图一般选用24色以上的彩铅。中初纹纸作画比较适宜（素描纸），因为它便于着满色，还能露出凹白，产生微妙的效果。

三、应注意的问题

（1）明暗对比是从弱到强逐步加深，步骤不宜过多，两、三便即可。

（2）用软铅笔做图尽量少用橡皮擦，必须用时，可根据具体情况采用点、拉、提的方法，避免擦伤纸面，最好使用擦图片保护其他部位不被擦掉。如果着色太厚会把纸纹凹痕填平，不宜再着色。修改时唯一的办法是用刀片小心地把厚色层刮掉。

（3）用软铅笔做图容易被擦抹，使图面变脏，因此应注意使用纸板、纸片遮挡或用小指撑住手掌画线。

（4）同一画面的运笔方向应为同一方向，涂色时为了保持用笔有力度感、轮廓线整齐，可利用直尺、纸板等工具进行遮挡。

第2节　马克笔效果图表现技法

马克笔绘画技法是近年来在装饰效果图中用得较多的技法，它作图快捷方便，效果清新又不失豪放，有很强烈的时代感，是建筑师、绘画师及艺术工作者非常喜欢的工具，也是绘制正规效果图经常采用的形式。由于它具有不需要水，着色速度快，干燥时间短的优点，最适于绘制徒手画和速写。经常用在现场作画和短时间内需要完成的效果图。

一、马克笔分类

马克笔有油性及水性之分。大部分马克笔都使用防水溶剂墨水，即油性马克笔。这种笔色相丰富齐全，并有专门的灰色系列。马克笔的笔头分宽、中、细等几种，既可绘制大面积的块面，也可精雕细刻各种景物、家具等细部。水性马克笔，一般笔头比油性笔略窄，笔中墨水饱满，多数为透明色。

二、马克笔用纸

在绘图过程中，选纸不同绘出的色泽和效果也不一样，水性马克笔在吸水性强而厚度薄的纸上，易将马克笔墨水浸透在纸的纤维中颜色偏重，明度低，绘出的线条也都带粗糙的毛边。绘制在光滑纸上，墨水浮在上边，颜色偏浅，明度高，未干时特别容易抹掉或者摸成一片，破坏了整个画面。油性笔稍好一些，但也不十分理想。现有一种专供马克笔作画的纸，可以克服上述的缺点。另外，硫酸纸也是马克笔理想用纸，它无渗透性，便于修改，纸面晶莹光滑，足以掩盖其他缺点，并为画面增加许多魅力。

三、马克笔技法（见文前彩图5-5～彩图5-8）

马克笔有很强的表现力，适合刻画装饰效果图，但由于受笔触的限制，画面不宜过大，一般控制在2号图幅为好。在着色前，先把要表现的物体轮廓线刻画到纸上，然后上色。

（1）色彩无论淡雅或浓烈，都要统一在同一色系内，上色时应选准颜色，快速上色，底色不要求整齐周全，但讲究笔触。

（2）绘制装饰效果图要先画室内窗、顶棚、墙面，然后画家具、配景，画玻璃制品时留出高光（留白），画暗面时，由浅入深，逐步退晕，明暗交接处颜色略深。为了保证上门窗颜色时周边整齐，不使颜色进入其他部位，可采用胶片或纸板四边遮挡的办法。此办法既简单又可使在运笔过程中随心所欲，不受边框的限制。

（3）画室内配景是起到画龙点睛的作用，不易用色过多，二、三种即可，颜色过多会造成画面杂乱，给人以喧宾夺主的感觉。

（4）画大面积色块时也可用胶片或纸板在边界处进行遮挡，然后以宽头笔用排色的方法画大面积色块。要均匀地涂出大面积色层，每一笔都将前一笔的边缘盖住，使其交界时处于湿润状态。

（5）马克笔还可以配合水彩、水粉颜料刻画装饰效果图的细部，也可用来铺底色，使其画面更加生动逼真。

（6）马克笔绘画基本完成之后，最好用针管笔或铅笔勾边；使画面挺拔、秀丽，层次分明。

第3节　钢笔效果图（包括针管笔）表现技法

钢笔、针管笔都是画线的理想工具，它是以钢笔、针管笔配合墨水作的单色画，单纯黑白，黑是墨水，白是纸的本色，它利用线的排列与组织塑造形体的明暗，追求虚实变化的空

图5-9　钢笔（针管笔）线条练习

图 5-10　室外环境（针管笔）　王丽颖（临摹）

间，也可针对不同质地采用相应的线性组织，以区分远、近、粗、细。还根据明暗面及内部空间的结构关系组织各个方向与疏密的变化，以达到画面表现上的层次感、空间感。

一、钢笔画线条组织的基本规律

线条和笔触是构成钢笔画的重要造型语言。线条形式取决于运笔的轻、重、快、慢。线条与笔触相互组合构成复杂的形式以表现物体的质感和色调。画面以单纯的黑色为基调，以深浅不同的黑色表现画面物象的造型、空间、结构等，这些深浅不同的黑色，由点、线、面组成黑、白、灰三种基本色相，线和点的长短疏密组成了深浅不等的色相，代表了画面所有的中间色。白即是表现浅对象或受光部位，要以黑色来衬托，没有足够的黑色，画面就亮不起来，要以黑白平衡画面，尽量缩小色阶层次差异，有时着重画受光部位色阶，暗部统一并要限制一定色阶范围。通过排线的多样变化来表达调子、质感、块面、空间和形象特征（见图 5-9～图 5-12）。

二、钢笔画的步骤

（1）首先明确所画各部位的比例、透视、大体色调关系，用铅笔大致分好块，然后用

图 5-11　步行街（钢笔画）　王丽颖（临摹）

图 5-12　室内游泳池（针管笔）　王丽颖

钢笔（针管笔）直接打轮廓线和中间的骨线。

（2）在确定画面构图后，找出明显的两块深色相互连接，兼顾形状、比例、透视，画出深色的位置、形态，接着画画面上其它的深色，然后画灰色部分，最后画亮部。

（3）进行细部刻画，在整个画面调整时适当用刀片刮出白线、白点以起到减弱深色块暗部的作用。

三、应注意的问题

（1）钢笔画受工具材料的限制，宜作小型画幅，体量过大的景物，其单纯的线、色、明暗恐怕难表达其应有的空间和内容。

（2）钢笔画用纸以质地坚实、纸文细腻、纸面光滑、着色不渗为好，一般绘图纸即可。

（3）线条要一次铺画，不多作叠线，下笔一气呵成。

第 4 节　水彩效果图表现技法

水彩效果图是在长期艺术实践中形成的，是特定的工具材料、独特的艺术观念、特殊的渲染技法融合的产物。它是以水为媒介调配胶质颜料而进行作画的，水彩色比较薄，有透明色和半透明色两大类，但它不是绝对的，当半透明色加水较多时也成了透明色，透明色加水太少时就成了半透明色。水彩效果图要求图形十分准确、清晰，而且讲究纸和笔上含水量的多少，画面的深浅、空间的虚实、笔触的效果都有赖于对水份的把握。

一、准备工作

无论作图过程中采用那种技法，首先应做好两种准备工作，一是作画前图纸和工具的准备，即图板平放，裱图上板，把设计好的图拷贝到裱好的图纸上，纸裱的成功与否直接影响作图的质量，图纸周边开裂或中间起鼓，就会造成涂色不均匀，对于初学者来说，就会失去继续作画的信心；二是心理上的准备，要做到心中有数，胸有成竹。在着色之前，应画一幅色稿小样，选定主色调，小稿 8 开或 16 开纸均可，颜色要铺满，如果自己尚无设计能力，可以找一幅色彩搭配较好且与准备画的效果图色彩相近的效果图或实际照片，参考其中的色调，画自己的画。有人称它为“色彩临摹”。

二、表现技法及步骤

（1）层加法又称叠加法或干画法（见文前彩图 5-13）：用同一浓淡的色平涂，待第一遍色完全干后，再叠加第二层、第三层。由于色块叠加的层数不一，色块的深浅有明显的变化。水彩效果图的基本步骤：先画主要部位的基本色调，待第一遍颜色干后逐步画暗部颜色，使画面明暗拉开体现空间关系，等画面干后要抓重点画出颜色最暗部分，在最后整理画面时可用刀片刮出高光。

（2）退晕法又称湿接法（见文前彩图 5-14）：将图板倾斜，首笔平涂后趁湿在下方加水或加色使之逐渐变浅或变深，形成逐渐减弱或逐渐加强的效果。退晕过程多采用环形晕笔，笔中水色要饱满，画面水色要适中，水色不足画面容易产生痕迹，水色过多容易流淌，一般情况下，图板倾斜 10°水色不流淌为最佳，色块底部多余的积水、积色须将笔挤干吸去。湿画的增、减颜色关键在于控制用水的技巧。如画大面积的画面，这处已干那处未干，在干湿不同的情况下第二遍色往往会出现水痕斑斑，所以，观察画面上的水分，掌握好时间是至关重要的。

（3）平涂法有称镶嵌法：将图板倾斜，大面积水平运笔，小面积垂直运笔，趁湿衔接笔触，每一个色块单独渲染，互相不搭接。此法色彩鲜明、清澈。

（4）其他技法：在水彩效果图中，常用的技法就是以上介绍的三种，还有许多特殊的技法。如：洗涤法、刀刮法、涂蜡法、浸纸法等这些技法对于初学者来说很难掌握，需要长期的经验积累。

三、应注意的问题

（1）水彩效果图上色程序一般是由浅到深，由远到近，高光与亮部要预先留出。先湿画后干画，先画虚后画实。

（2）大面积的界面涂色时颜料一定要调够，颜料少了会带来两大问题：一是重新调出的颜色很难与原来颜色完全相同；二是重新调色必然要一定的时间，再接着画时先画的颜色干了，画面容易出现水痕，影响整体效果。

（3）水彩本身是透明的，因此水彩效果图是不易修改的，它只能是重色压浅色，这可以说是一个缺点，但它也带来了一个好处，就是它促使绘画者在做画时，尽量做到分析准确，用笔肯定。要充分体现水彩画透明、轻快、水分感强的特点。

（4）要保证画面整齐、清洁，做画时必须注意“守线”，即不能使颜色跑出边界线，运笔要朝同一方向，从左到右。

（5）在应用湿画法时，要掌握好接色的时间，如果接早了会使颜色“跑”的太多，影响画面效果，如果接晚了颜色一干容易出现水迹，另外，在加下一笔时颜色不能过稀。掌握好接色的时间和浓度要经过一定次数的练习来慢慢熟悉。

目前装饰效果图中钢笔淡彩应用较为普遍，它是将水彩技法与钢笔技法相结合，发挥各自优势，颇具简洁、明快、生动的艺术效果，深受建筑师的青睐。

文前彩图 5-15～彩图 5-19 为水彩效果图

第 5 节 水粉效果图表现技法

水粉画是我国建筑画界颇为盛行的画法，它表现力强，色泽浓艳，明暗层次丰富，具有较强的覆盖性能。用色的干、湿、薄、厚能产生不同的空间效果，综合运用多种工具和材料发挥各自特长，不拘一格，既缩短了绘制效果图的时间，又提高了工作效率。这种水粉表现技法是一种综合性的表现技法，是目前运用最普遍的一种。

一、技法和步骤

1. 技法

水粉技法绘制要宁薄勿厚，具体讲，大面积宜薄，局部可厚；远景宜薄，近景可厚。材质不同表现技法也不同，如透明体或光洁度高的物体，易用薄画法，而表现各种厚重材料的可用厚画法。着色的程序是先画大面积，后画小面积，先画薄的地方，再画厚的地方，而某个局部是要强调的地方，往往这个地方是明度、艳度高的地方（花簇或装饰物)。

2. 步骤

(1) 为了使画面整体色调的统一协调，也为了强调或增加装饰气氛，有时要选用现成的色纸或自制色纸，后者可用板刷根据画面所需的基本色调薄薄的、轻轻的刷在纸面上，可平涂也可上下或左右退晕，体现光的变化，有些地方需要留出空白，如窗外或某个亮面。

(2) 区分空间界面的大致关系，以色彩的明度及冷暖变化表现室内外空间景深。

(3) 画室外内物体的背光部分，一般垂直向体面上深下浅，这是由于地面的反光作用的缘故，接着画受光的立面。在表现主体内容的过程中要始终强调与画面基调的对比与协调处理。

(4) 最后调整画面，可用白色亮线强调受光面的结构，用较深的类似色线修整暗面的转折，适当运用喷笔、马克笔或色铅笔调整画面（强调或减弱)。细尖马克笔或色铅笔还可绘制地毯、墙纸图案或大理石纹理等。

文前彩图 5-20～彩图 5-23 为水粉效果图。

二、应注意的问题

(1) 上色前纸面不能损伤，尤其是裱纸期间，起稿尽量少用橡皮擦纸，否则会影响着色效果。

(2) 颜色调配色数不宜多，否则会造成灰、脏、颜色倾向不明确。

(3) 颜色经过反复覆盖会变脏，这时必须洗掉，重新上色，可厚些。

(4) 水粉颜色湿时深，干后变浅，要能识别这种差异。

(5) 画明亮的部位要保证三净，即毛笔净、水净、纸面净。

(6) 使用白粉要谨慎，物体背光面或重颜色要想提高其明度宜用桔黄或土黄色，而不是用白色，过多用白会造成颜色混浊不透明且带粉气。

(7) 效果图首先要有素描关系，即黑、白、灰的关系，初学者往往不敢用重色或着眼于色彩变化而忽视了最基本的关系。

(8) 效果图表现要有主有次，有强调的部位有放松的地方，不能到处都清楚，忽视了大关系而造成琐碎变化。

第6节　水彩、水粉效果图混合表现技法

水彩、水粉效果图表现技法在第3、第4节中我们分别做了介绍，两者虽然都是以水为媒介，作画步骤却截然相反，水彩透明无覆盖力，上色由浅到深，逐次叠加。水粉不透明有很强的覆盖力，上色时由深到浅逐步提亮，两者各有优缺点。在熟练掌握各自的技法之后两者并用，按步骤灵活选择，能洒脱豪放地泼色漫画，又能细致入微地精描细画，各展其长，各尽所能。

用水彩、水粉混合作装饰效果图，特别强调顺序明确的程式化步骤。水彩和水粉的透明和不透明特别不能随意颠倒，否则会使画面达不到预期的效果，以致难以继续进行。

先画透明色后画不透明色的原则逐步深入。为此，先用水彩画玻璃、玻璃制品及其他透明的物体，作画时为发挥水彩的水韵味及奔放泼辣的笔触，会破坏部分物体的轮廓，暂时可不考虑，可待下一步用水粉色进行修理，但水彩和水彩相接触时，应特别注意"守线"，如果超出轮廓范围进入另一部分，水色所形成的水痕很难消除。对于初学者来说可采用一些办法，帮助控制水色进入另一侧。例如：在水彩与水彩画面交界处预先刻上一条线，起到阻止水色流淌的作用；也可以借助于"界尺"，以求得轮廓线挺拔、秀美。水彩色画完并完全干透后，水粉色继续着色按照水粉画的作图原则进行。

文前彩图5-24~彩图5-27为水彩、水粉混合效果图。

第7节　喷笔效果图表现技法

近年来随着装饰行业的竞争的加剧，装饰效果图的商业化趋势越来越强。喷绘技法以其速度快，表现效果逼真、明暗过渡柔和、色彩变化微妙而深得装饰业及业主的青睐。

喷绘技法擅长表现大面积和曲面的自然过渡，擅长表现虚与实的对比；擅长表现表面光滑，反光强烈的材质，如地面及其倒影、玻璃、金属等质感表现。尤其是灯具和光晕的表现是其拿手而叫绝之处。

使用喷笔是一个熟练的过程，比较容易掌握。首先是颜色的调制，水分不能多，颜色要调稠些，并且要调匀，剔除颗粒杂质，以免堵塞笔头。喷笔使用之前笔仓内要浸润点儿清水，再把调好的颜色放进去，在废纸上先试喷一下，再正式喷。喷笔与图面距离的大小决定了虚实变化的不同，距离越远越虚化。再有就是遮挡的技巧问题，方法是把专用的遮挡膜贴在需要遮挡的部位，用刻刀沿图形轻轻滑过，刻透膜即可。正、负膜都要保存以备换位遮挡，遮盖膜也可用其它纸代替（厚纸），同时还需准备些较重的镇尺和小金属块等以备压紧遮挡纸边之用，避免移位造成喷色的浸入。

喷笔绘图的过程中还需有手绘的内容，如陈设、绿化、家具等细节处理必须手绘。由于喷绘技法的特点决定了一些技法中的人物表现必须精到得体，有时手绘很难把握，特别是初学者，因此可采用剪贴的办法来实现其逼真的效果，使整个画面更富有神采。

文前彩图 5-28～彩图 5-31 为喷笔效果图。

第 8 节　电脑效果图表现技法

随着科技的不断发展，电脑效果图日益受到广大设计人员的重视，它准确、直观地反应建筑的真实形象和环境，很受业主的青睐。目前，我国设计部门电脑绘图基本上取代了繁重的重复手工劳动，使建筑师甩掉图板把更多的精力用于作方案比较和建筑创作上，更加提高绘图的精确性和科学性，从而提高效率和质量。

一、电脑装饰效果图的定义

电脑效果图作为一种建筑画种，其定义为：使用电脑进行创作的效果图。因此作为一幅名副其实的电脑效果图，该画主要表现的建筑物内外环境、效果、质感应该是由设计师使用电脑创作的。

用来制作电脑效果图的硬件设备有：输入设备、处理设备和输出设备三类。用来制作电脑效果图的软件设备有渲染动画和图像处理两类。渲染软件可根据设计师确定的效果图要素，即空间、材质、灯光、配景等，计算出一幅制定透视角度的效果图。图像处理软件事实上就是一套电脑的绘图工具，只要把传统的画笔和图板改为电脑即可。

二、电脑装饰效果图的作图步骤

电脑效果图的制作，主要通过三大步骤来完成。

1. 建模

建模是电脑效果图的第一步，其目的是利用基本元素（线、面、体）构筑建筑物的造型和空间。图形表现物体的方式有二维图形和三维图形两种类型，二维图形是用物体的投影来表现它，这样为了能完整地代表物体的信息，就必须有多个角度的视图来描述物体，而用户希望看到的是不需经过抽象的空间思维即可得到的图像，目前在 PC 机上普遍使用的建模平台软件有 AutoCAD、3DS、3DSMAX 等，而针对装饰效果图的专业软件越来越多，无论使用那一种专业软件建模都能直接生成设计者所需要的实体模型。

2. 渲染

通过前述的建模软件建立的模型（相当于手工绘制效果图上色之前的透视图），在渲染软件中，选择视角、设计光照和日照，确定建筑物不同部位的材质，再加上配景和环境等，计算出一幅电脑效果图。在绘图过程中，常常需要建立自己的材料库，这是因为软件内部有一个功能强大的材料编辑器，它可以让用户自己创造出建筑用到的材质，可以调整材料的颜色、质感、贴图、反光区，透明度等。按照实际情况选好视点，就可以生成需要的逼真效果图。目前普遍使用的渲染软件有 3Dstudio、3DSMAX 等 3DS 系列。它是目前世界上最成功的多媒体制作软件之一，建模和渲染合二为一，使用时不需模型转换，简洁方便。

3. 后处理（后期制作）

所谓后处理是根据设计师的要求对渲染软件计算出的效果图进行最后的处理，以便作为成品交图。通过前述建模和渲染软件生成的效果图，还需进行配景设计，如人、家具陈设、文字等，还需进行一些局部的修饰，整体明暗、亮度、色彩的调整，以达到满意的效果。虽然进行计算的素材是由设计师个人来确定的，但其结果仍然是科学的成分、共性的成分过多，艺术的成分和个性的成分太少，这就是最终处理的原因（见文前彩图 5-32）。常用的图像处理软件有 PhotoShop、Photostyler 等。

三、操作技巧

1. 常用图块

建筑装饰效果图，虽然千变万化，每一张效果图建模都是不一样的，但总有相当数量的东西是相对固定或者说是大同小异。比如：室内线角的断面、地面拼花、卫生间内的洁具、办公桌椅等，如果每一张图都要给这些东西建模，必然大大降低效率。一些软件针对建筑室内设计而制作的图块库，只需把库里的东西“搬”到模型里，既可快速完成设计。

2. 特殊造型

室内设计中有许多特殊复杂的造型，如：浮雕、壁画、雕塑等，这些特殊的造型建模是比较困难的。就算做出来了，由于物体的面很多，导致渲染时间过长，影响整个作图时间，而且最终的结果也未必满意，因此，通常在渲染时采用贴图的办法进行处理，这样一来建模时就极其简单了，只需贴上一幅照片就可以得到逼真效果。

3. 相机设置

效果图的相机视角、视线选择非常重要，既要反映所要表现的室内空间，又要给人以最佳观赏角度。一般情况下，相机的设置必须在平面图中进行，对该模型进行前后左右的调整，而视线的高低则需在侧立面进行调整，直到满意为止。相机可以设置多个，故一个模型可以换成不同的视角来进行观察和渲染。

4. 效果图与实际景物的结合

为了达到真实、可信的效果，可把室内家具陈设、环境等拍成照片，然后用扫描仪扫描形成电脑图像文件，如果使用数字相机就更方便，可直接拍成电脑图像文件，调入到模型当中，与所画的效果图一起共同形成新的完整的效果图。

5. 光源设置

加光源时可根据您的要求选用不同的类型。3DSMAX 中有四种光源：点光源、有向光源、平行光源和自由光源。装饰效果图一般用一个或多个光源表现，加光源时注意对光源亮度的控制。人工光源除点光源之外，都能投射阴影。阴影有两种计算方式，一种是通过阴影贴图方式，另一种是通过光影跟踪方式，采用后一种方式需要时间较长，如果要计算透明物体的彩色阴影一定要使用光影跟踪方式。

6. 分辨率的设置

在调整模型的材质和光源阶段，Render 中设置的分辨率一般可低些，如：640×480，当模型调整完无需再作任何改动时，根据需要出图尺寸的大小把分辨率提高 640×480 的 4～5 倍，即 2560×1920 或 3200×2400，分辨率越大出图质量越高，图像将渲染的更精细，但渲染的时间较长，分辨率低，图像就会不清晰，只能出 A3 以下的小图。

文前彩图 5-33～彩图 5-36 为电脑效果图。

第 9 节　其他效果图表现技法简介

一、色粉笔画技法

色粉笔无蜡性，像教师在黑板上写字的粉笔一样，粉质细腻，色彩也较为丰富，画在纸上可以柔擦成变调的柔和色调，用它画室内灯光的效果非常方便，色粉笔不足之处是缺少重颜色，不宜保存，故可配合炭笔或马克笔进行作画，先用木炭铅笔或马克笔在色纸上画出室内设计的素描效果图，然后先在受光面着色，类似彩色铅笔。对大面积变化可用手指、海绵、布头摸匀，画完后最好用固定液对画面喷罩，便于保存。

二、丙烯颜料画技法

丙烯树脂颜料它是手工作图的一种新材料，由传统的色料、多种新的合成色料和粘度高、弹性大的丙烯酸酯聚合物粘合剂制成的。与其他颜料相比，缺少普蓝、深茜红、翠绿，因为这些色料与丙烯酸酯聚合物不相容。丙烯颜料具有水彩、水粉两种颜料的优点。它颜色鲜艳、易干、耐水性强，用不同的笔（水彩笔、水粉笔、油画笔），调入不同的水量可到不同的效果；它的粘接力很强，即使厚涂也不会像水粉颜料那样容易脱落或龟裂，便于长时间保存；它便于修改，不会产生色层泛底色的情况。由于丙烯颜料干的特别快，因此，大面积上色时，颜色要调够，作画要迅速，绘画工作暂停时一定要清洗画具，时间长清洗就困难了。

三、剪贴技法

剪贴这种采用现成材料进行剪修，按着比例粘贴在效果图当中，是装饰效果图中较为方便、快捷的方法之一。

利用摄影制品，比如：杂志、画报等上的人、家具陈设、花草等按照本张效果图的透视角度、大小比例、色彩搭配剪下来，粘贴到画面上。剪贴必须同细腻描绘结合起来，做到重点突出，又浑然一体，毫无生硬之感。这种做法不提倡初学者使用。因为初学者对效果图的比例、尺度、色彩等把握还不十分准确，如果剪贴不当会影响画面整个效果。

复 习 思 考 题

1. 装饰效果图有哪些种常用的表现技法？
2. 水彩与水粉在作画上有哪些区别？
3. 绘制钢笔、针管笔效果图应注意哪些问题？
4. 绘制喷笔效果图应准备哪些工具？与其他技法有哪些不同？
5. 绘制电脑效果图一般需要哪几个步骤？

第6章　室内外不同材质及陈设的表现

装饰效果图中需要表现各种装饰材料、交通工具、人物和家具陈设，而且它们在画面中起着举足轻重的作用。由于材质的不同，它们在表现技法上有着非常大的差别，下面分11种类型逐一介绍。

第1节　石　材　类

石材类中大理石颜色高雅、纹理优美，花岗岩质地坚硬、晶莹凸透，由于其光洁度极好，有强烈的反光，能显现建筑及室内的宏伟与高贵，因此在商业空间、办公大厦、宾馆及饭店中被普遍使用。

石材的画法是先铺底色，然后按其固有色分出不同深浅或冷暖的变化，薄薄地铺上，画之前要心中有数，想好再行动，要一气呵成。尽可能不用白色或少用，可采用水彩的画法，着重表现其光感，高光处最好留出空白，然后按照石材的纹理的颜色，画出它的肌理、纹路，最好在颜色尚未干透时画出纹理，这样与底色稍有溶合，自然真实。特别要注意，石材纹理要按透视的原则，近大远小，要有空间的深度感，近处的纹理大而清楚，远处的纹理小而模糊或省略。最后用深于底色或浅于底色的线画出石缝。

文前彩图6-1～彩图6-5为石材的表现技法。

第2节　木　材　类

木质材料在室内装饰及陈设中是一种不可缺少的材料，因为它纹理自然细腻，色泽美观，结合油漆能产生深浅及光泽不同的色彩效果，尤其是与人贴近有温暖可亲之感，而且加工非常方便。

木材画法是先铺底色，后画木纹，木材的颜色要饱满，颜色可一次调足，尤其是大面积木材的绘制。铺底子时要把明暗光影、冷暖变化稍加渲染，然后用衣纹笔勾画纹理，用色要比底子稍深的颜色画出，强调纹理流畅，轻松活泼，疏密相间，富于变化。根据不同木材的纹理采用不同的工具，如直纹木可使用水粉笔使笔尖分岔并使用“界”尺画出木纹。用笔很关键，要使用笔尖，利用笔尖分岔画出它的自然纹理，毛笔含水要适中，不能多也不能太少。另一种画法是：不铺底子用水粉笔调好颜色直接画出，笔序是排列画出，也可边缘重叠画出，重叠处颜色深，由于颜色是湿接合的，因此木纹的深浅变化非常自然，表现出的效果很逼真。最后可强调一些眩光（使用喷笔），增强其光洁度及质感效果。

见文前彩图6-6～彩图6-8为木材的表现技法。

第3节　金　属　类

现代建筑及室内使用金属材料也是多见的。对于不锈钢来说有发纹不锈钢和镜面不锈钢之分，发纹不锈钢的光感比较柔和均匀，而镜面不锈钢由于它表现感光灵敏，几乎全部反映周围映象，因此它光感强烈，明暗对比反差大，局部阴影的颜色很重，反光很亮，但表现它还是要概括，抓大体，抓主要的东西，可概括地表现明暗及颜色（蓝灰色），要表现出闪烁变幻的光感，可采用退晕的方法，应趁湿接色，效果自然。为了更好地表现其质感，要求使用靠尺，拉出笔直挺拔的色面和色线。背光面的反光要明显，高光部位要留出空白，面与面的转折处要用白线与暗线来强调，这对于质感的表现，将起着画龙点睛的作用。

文前彩图 6-9～彩图 6-12 为金属的表现技法。

第4节　玻　璃　类

透明玻璃的画法是把透过玻璃的影象概括的画出（不必太具体），以湿画法为主，色中忌加白粉色，以保证色彩的透明感，待干后局部一角罩一层较淡的蓝绿色，用笔要轻，避免破坏底色，再用水粉笔蘸一点儿白画出几道光线，稍有虚实变化。要求使用“界尺”，运笔速度要快，干脆利落，不可重笔，表现出玻璃坚脆的质感。玻璃窗外的景物尽量不做具体刻画，可稍做退晕变化，避免造成渲滨夺主，影响室内整体效果。

文前彩图 6-13～彩图 6-15 为玻璃的表现技法。

第5节　织　物　类

一、地毯

地毯质地大多松软，有一定的厚度，在受光后没有大的明暗差别，家具及陈设的投影也没有太强的对比，表现可自然些，但有些情况例外，如为了画面的需要有意强调地毯的局部光亮。图案的描绘不宜太细，即使很复杂的图案，也不应太具体，要概括地表现。但图案的透视不能忽视，否则会造成空间的不稳定感，影响整幅面的效果。对于边缘绒毛的刻画可用短而颤的笔触点面。

文前彩图 6-16～彩图 6-18 为织物的表现技法。

二、窗帘与纱帘

窗帘在室内占有相当的位置，对于居室的风格、色调的把握起着举足轻重的作用，其画法是先铺地子（固有色），根据其受光及反光的情况可分出上下或左右的明度及冷暖变化进行渲染，干后用白云笔或较粗的色线笔蘸比底子重的颜色画出皱褶，垂线可使用“界”尺，粗细间隔要有变化，毛笔里含色要饱满，最后点出阴影及高光部位。

白纱帘的画法是先描绘窗外景（简单些），干后用白色薄薄的、轻轻地罩上一层，然后用叶筋笔画出白色皱褶。表现方法有两种：一种是用挺拔的白细线画出它的皱褶变化；另一种表现是用钝头毛笔蘸白色画出较粗的线，表示重叠的纱帘，白线越宽表示不重叠的面越大。

文前彩图 6-19～彩图 6-20 为窗帘的表现技法。

第6节　灯具与光影

光影是造型的生命，有了光影人才能感知体积和空间的存在，因此对于光影的描绘历来是室内表现图的根本所在。灯具的造型样式及其光影的渲染效果直接影响着整个室内设计的格调、气氛、档次以及效果图的水平。

灯具的表现手法不拘一格，可根据不同的灯具选择不同的表现手法，如与人距离较近的地灯、台灯、壁灯等单个小型灯具的刻画可深入些，而大的厅堂中，成组的灯具或几个大吊灯的刻画不要过于精细，主要是表现大的效果和整体气氛，在起好轮廓的基础上用较暗色（暖色）和亮色（柠檬黄加白）画出形体，然后用白色点出高光，用喷笔在灯的周围适当位置以及高光处喷出光感。灯光的表现主要是借助明暗对比来实现，因此在调整阶段可有意识将主体灯光的背景或其中一部分处理得更深一些，光源则显得会更亮。

舞厅的光影明暗对比最为强烈，其光影效果的表现必须使用喷笔，若没有条件可使用色铅笔涂出光线，用卡纸当挡板，其边沿一定要虚化，可用橡皮稍做处理，也可使用牙刷和铁纱网把颜色轻轻刷上，方法是将颜色调得稠些，牙刷蘸色要少，这样刷出的颜色颗粒小而均匀，灯光的效果会更趋于自然。

文前彩图 6-21～彩图 6-25 为灯具与光影的表现技法。

第7节　室　内　绿　化

绿化在装饰效果图中所起的作用是其他任何装饰、陈设所不能替代的，它可以改变空间的形态，起柔化空间的作用。一张精心绘制的表现图的配景、植物的配备也应精心安排，尤其是画面前伸出的几支叶子，若处理欠妥会造成整幅画面的破坏是非常遗憾的事情，尤其对于初学者更是如此。因此掌握几种植物的表现方法是必须的，像薄葵、凤尾竹、龟背竹、巴西木等。方法是熟悉枝叶的形状和姿态，首先把形起好，下笔要果断，用笔要舒展，一气呵成，尽量不重笔，避免涂改。先画重色，再画中间色，最后用亮色点高光。尤其是画面前的枝叶，它起着填补空白、压住阵脚、平衡画面的作用，根据构图的需要枝叶的经营位置要得体，姿态要美，用笔也要美。

文前彩图 6-26～彩图 6-28 为植物的表现技法。

第8节　室　内　陈　设

室内陈设始终是以表达思想内涵和精神文化方面为着眼点，一般分为纯艺术品和实用艺术品，像书画、工艺美术品、案头摆设及日用装饰品等。它对室内空间形象的塑造、气氛的表达、环境的渲染起着物质功能所无法代替的作用，是室内空间必不可少的内容。其表现手法是简单概括，着笔精炼，注重大效果，用笔不多又能体现其质感，这需要用色彩静物写生做基础，增强根据表现的意识，强调表现能力。

文前彩图 6-29～彩图 6-31 为室内家具陈设的表现技法。

第 9 节　人　　物

建筑画上的人物及室内表现的人物配置，可显示建筑及室内的尺度，体现出远近距离的空间感，特别是它能增加画面的气氛。虽然它在画面所占位置很小，但它所起的作用却是非常重要的。人物表现得体，会给整幅画面带来神气，人物可画得潇洒些，人头切忌画大，要注意人在画面中的远近距离感，根据距离确定人物的比例，人物表现要简炼、概括，运笔勾点要利落、果断，远景人物可平涂颜色，不做明暗体积，中景人物可稍作明暗，但五官等细节一般不做刻画。步骤是先确定人物的位置、比例和姿态，再用纯色点染服装，用色要饱满，少加或不加水，先画身体后画头颈，便于把握人物姿态。

文前彩图 6-32、彩图 6-33 为人物的表现技法。

第 10 节　交　通　工　具

室外装饰效果图上的轿车是为增添画面气氛而加上的，透视及比例在画面中处理不好会影响整体大效果，尤其是车身尺度与人体之间的相对比例。

一般情况，轿车的高度略低于人高，车身长约三个人高，车身宽约一个人高。在表现图中轿车最后画，先它排好位置和方向，起好轮廓。车身分水平垂直两面，垂直面使用略深的固有色，水平面用浅而鲜亮的颜色，待色干后，画玻璃，用灰蓝或茶灰色薄薄地罩上一层，车内人物隐约可见，然后点画高光，玻璃反光要有虚有实，车身两个面转折处画亮线，亮面局部稍做反光。车灯、保险杠用灰色并点出高光，车轮用灰色画出轮圈，最后可表现车身阴影和车灯发出的光。

文前彩图 6-34～彩图 6-37 为汽车的表现技法。

第 11 节　水　面、喷　泉

没有风浪的水面往往呈现出倒影，反映其上的景物（建筑）绝对静止水面是少有的，因此倒影经常受到微波的影响，映象被拉长或变形扭曲，也可能反映天空或其他景物。

在表现图中，不要过份强调其映象，要使它含在较深的水色中，朦胧而虚幻。明度、纯度、色相的对比关系都要减弱，为打破垂直向倒影的呆滞感，有时可表现水平方面的微波涟漪，仅反映浅色的天空，无倒影，并根据构图的需要来表现。

喷泉水柱应表现出透明的雾状效果，应使用喷笔并要注意与画面的距离，表现出水柱的虚实轻重变化。

文前彩图 6-38、彩图 6-39 为水面、喷泉的表现技法。

复习思考题

1. 装饰效果图室外配景（人物、汽车）绘制中应注意哪些问题?

2. 试述画灯具与光影表现步骤。

3. 表现室内陈设时一般注意什么问题?

第7章 装饰效果图绘图步骤及作品选登

第1节 实例绘图步骤

一、商场营业大厅 （水粉） （文前彩图 7-1）
二、宾馆大堂 （混合） （文前彩图 7-2）
三、起居室 （钢笔淡彩） （文前彩图 7-3）
四、舞　厅 （喷笔） （文前彩图 7-4）
五、餐　厅 （混合） （文前彩图 7-5）
六、学生食堂 （电脑） （文前彩图 7-6）

第2节 作品选登（见文前彩页）

图　号	名　称	画　种		
图 7-7、7-8 、7-9	起居室一角、客房、民族餐厅	混合	1	第 7 章
图 7-10、7-11、7-12	酒店餐厅设计、卧室兼书房、办公楼入口	水粉、电脑	1	第 7 章
图 7-13、7-14	会客厅一角、茶室	钢、铅笔淡彩	1	第 7 章
图 7-15、7-16	起居室、出版社休息厅	电脑	1	第 7 章
图 7-17、7-18、7-19	中式餐厅、中餐厅、办公室	水粉、喷笔、电脑	1	第 7 章
图 7-20、7-21、7-22	共享大厅 1、共享大厅 2、共享大厅 3	电脑	1	第 7 章
图 7-23、7-24、7-25	办公大厅、宾馆大堂、亚泰饭店大厅	电脑	1	第 7 章
图 7-26、7-27	华侨饭店大堂方案、室内游泳池	电脑	1	第 7 章
图 7-28、7-29	会议室 1、会议室 2	电脑	1	第 7 章
图 7-30、7-31、7-32	别墅餐厅、会议室、餐厅设计	喷笔、电脑	1	第 7 章
图 7-33、7-34、7-35	小包房、浴室休息厅、洗浴中心前厅	电脑	1	第 7 章
图 7-36、7-37、7-38	教堂、舞厅 1、舞厅 2	电脑	1	第 7 章
图 7-39、7-40、7-41	小舞厅、展室、舞厅	水粉、喷笔	1	第 7 章
图 7-42、7-43、7-44	卧室、会议室、起居厅	钢笔画、水彩、电脑	1	第 7 章
图 7-45、7-46、7-47	会议室、留学生公寓、酒吧间	电脑	1	第 7 章
图 7-48、7-49、7-50	歌舞厅、娱乐城雅间、伊斯兰式餐厅	水粉、喷笔	1	第 7 章
图 7-51、7-52、7-53	教学楼、进修学校、子弟中学	电脑	1	第 7 章
图 7-54、7-55、7-56	联港小区综合楼、商业一条街、运动场	电脑	1	第 7 章
图 7-57、7-58	办公楼、住宅小区	电脑	1	第 7 章
图 7-59、7-60	锦华大厦、办公楼	电脑	1	第 7 章

续表

图　　号	名　　称	画　　种		
图 7-61、7-62	大门、沿湖住宅	电脑	1	第 7 章
图 7-63、7-64、7-65	百货大楼、顺风假日饭店、小区规划	电脑	1	第 7 章
图 7-66、7-67、7-68	教学楼、商场、商场	电脑、水粉	1	第 7 章
图 7-69、7-70	加油站、综合大楼	电脑	1	第 7 章
图 7-71、7-72、7-73	市场、起居室、建材市场	水粉、电脑	1	第 7 章
图 7-74、7-75、7-76	客房、办公室、欧式餐厅	水粉、喷笔	1	第 7 章

第 8 章　装饰效果图练习（作业）指导及任务书

【练习 1】（见文前彩图 8-1）

塔司干柱渲染（单色）

一、要求

1. 图幅：4 开水彩纸，裱在图板上；
2. 应用水彩渲染技法，素描理论刻画柱子；
3. 背景退晕变化均匀无色阶；柱面应预先留出高光点；
4. 完成后要使柱子有立体感，水彩色泽要有透明感。

二、作图步骤

1. 在裱好的纸上刻上铅笔底稿；
2. 了解柱子各个受光面，在底稿纸上用铅笔画出素描稿；
3. 选择合适的颜色如：赭石、普蓝、墨绿、黑色等，颜色纯度不能高；
4. 先渲染背景，从上到下，逐渐减色；
5. 刻画柱子时注意有退晕变化。

【练习 2】（见文前彩图 8-2）

茶室立面渲染（水彩）

一、要求

1. 图幅：4 开水彩纸，裱在图板上；
2. 平涂、退晕、叠加，平涂色度均匀无笔触，退晕变化均匀无色阶，多次叠加均匀无水痕；
3. 边缘靠线要准确，要有透明感；
4. 对沉淀较大的颜色应进行过滤。

二、作图步骤

1. 把准备好的铅笔稿刻到裱好的水彩纸上或直接画到水彩纸上；
2. 选择颜色如：土黄、赭石、普蓝、墨绿、玫瑰红等，颜色纯度不能高；
3. 在画好的立面图中渲染，先画天空，后画建筑墙面、石墙面、地面、阴影、配景，渲染的第一遍颜色要浅，等色块完全干了之后，再渲染下一遍，直到达到满意的深度；
4. 渲染到最下边时，如有多余的水色要用笔吸干。

【练习 3】(见文前彩图 8-3)
酒店室内渲染（骨线淡彩）

一、要求

1. 图幅：4 开水彩纸，裱在图板上；
2. 用水彩渲染出室内各个部位的受光面与背光面；
3. 玻璃要求画出透明效果；
4. 用针管笔画出室内空间、陈设的轮廓线。

二、作图步骤

1. 在裱好的纸上刻上铅笔底稿；
2. 先铺底色，干后按照透视关系画出顶棚、地面退晕效果；
3. 画桌椅底色，采用干画与湿画相结合的方法，画出桌椅的质感效果；
4. 画墙面细部，物体的倒影；
5. 用工具画室内陈设、配景轮廓线。

【练习 4】(见文前彩图 8-4)
起居厅渲染（透明水彩）

一、要求

1. 图幅：4 开水彩纸，裱在图板上；
2. 用水彩画出墙面、家具陈设的明暗及质感效果，画面清爽透明；
3. 室内绿色植物颜色要重，起到烘托气氛的作用；
4. 水彩深色画出室内空间的分体线、家具轮廓线及阴影。

二、作图步骤

1. 细致刻出铅笔稿后淡淡上一层底色；
2. 底色完全干了之后画墙面细部；
3. 画地面、家具及其阴影；
4. 进行细部处理，画出木材纹理；
5. 画室内挂画、花盆及花。

【练习 5】(见文前彩图 8-5)
办公楼立面渲染（水粉喷绘）

一、要求

1. 图幅：4 开水粉纸，裱在图板上；
2. 掌握水粉颜料的性能、调色方法及运笔特点；
3. 掌握界尺配合水粉笔画图的使用方法及技巧；

4. 水粉表现墙面、玻璃面的退晕变化；
5. 掌握简单喷笔的使用要领。

二、作图步骤

1. 在裱好的纸上刻出铅笔稿；
2. 先画玻璃及玻璃中反射的景物；
3. 后画深色墙面退晕及光影变化，用界尺配合水粉笔作画，使墙面更加挺拔平直；
4. 用原稿剪掉墙面部分，按照图的位置铺好，露出需要喷色的部分，或用纸、胶片进行遮当，调好颜色，用牙刷沾颜色对准画面，再用手或其他小棍拨动牙刷，使颜色均匀喷在画面上；
5. 用小狼毫笔与界尺配合画出玻璃窗分格线，运笔要快，粗细均匀，挺拔；
6. 最后画树，要注意树的生长规律。

【练习 6】（见文前彩图 8-6）
小别墅渲染（水粉）

一、要求

1. 图幅：4 开水粉纸，裱在图板上；
2. 用水粉画出天空的深远效果，色调为上冷下暖；
3. 建筑物分面退晕变化细致，小别墅屋顶色调深沉退晕柔和；
4. 重点刻画透明玻璃的效果，即透过玻璃看到内部空间的表现效果及玻璃上的落影；
5. 配景远、中、近层次分明，色调宜鲜明。

二、作图步骤

1. 细致刻出铅笔稿；
2. 退晕渲染出天空；
3. 画建筑物门窗；
4. 建筑物顶、墙面画出光影变化的效果；
5. 画阴影、刻画体积；
6. 渲染建筑物前小路地面，接近建筑物处亮，往下退晕加深；
7. 退晕渲染出远景树，上部稍深；
8. 画近景花丛，调整画面，做到“天轻、地重、建筑亮”。

【练习 7】（见文前彩图 8-7）
酒店包房渲染（水粉）

一、要求

1. 图幅：4 开水粉纸，裱在图板上；
2. 能区分顶棚、地面、墙面三者关系；

3. 室内家具的表现，不同材料质感的表现；
4. 室内配景的点缀。

二、作图步骤

1. 在裱好的纸上刻出铅笔稿；
2. 顶棚、地面、墙面三者统一铺底色，并做出不同部位的光影变化；
3. 画桌椅、窗帘等室内陈设，刻画灯具及各部位阴影等；
4. 画盆景、装饰物进行点缀；
5. 调整画面，对顶棚局部提亮，地面局部加深，以求画面更有立体感。

【练习 8】（见文前彩图 8-8）
会客厅渲染（混合）

一、要求

1. 图幅：4 开水粉纸，裱在图板上；
2. 根据水彩、水粉的不同特性，恰当选择并应用；
3. 能区分远景与近景的关系；
4. 把握家具与室内空间的比例关系。

二、作图步骤

1. 在裱好的纸上刻出铅笔稿；
2. 画墙面、地面、地毯，表现出不同的质感效果；
3. 画家具陈设，并用白粉提亮受光面；
4. 进行细部刻画，地面、书柜分格；
5. 画书、各种摆设及盆景。

参 考 文 献

1 彭一刚．建筑绘画及表现．北京：中国建筑工业出版社，1985
2 董 赤．现代设计表现技法．长春：长春出版社，1991
3 史春珊．建筑表现技法．沈阳：辽宁科学技术出版社，1992
4 侯继尧．建筑画理论与技法．北京：中国建筑工业出版社，1994
5 中 林．3DSTUDIO 3.0．北京：学苑出版社，1994
6 符宗荣．室内设计表现技法．北京：中国建筑工业出版社，1996
7 关 鸣．电脑效果图百家案例．北京：中国计划出版社，1997
8 韩成远．建筑美术技法．长春：吉林美术出版社，1997
9 张举毅．建筑画．北京：中国建筑工业出版社，1998